Deepen Your Mind

專家推薦

未來，隨著核心技術的融合發展，元宇宙將逐漸從概念走向應用，將帶給用戶具身性的沉浸式體驗。本書除了系統化解析元宇宙概念、發展現狀、未來趨勢，還探討了未來元宇宙的另一種可能性，提出了以劇本殺為雛形的線下元宇宙概念。

—— 歡聚集團董事長兼首席執行官 李學淩

元宇宙是人工智慧、視覺交互、雲端計算、區塊鏈等多種新興技術相融合的產物，是下一代互聯網發展的新形態。本書以相關技術和產業現狀分析為基礎，對元宇宙的發展進行了深入探討，可以幫助讀者較為客觀地理解元宇宙。

—— 迅雷集團董事長兼首席執行官 李金波

區塊鏈協議建構了一個開放、平等、統一的網路環境，較傳統金融網路通訊協定而言，顯著提高了資產流動效率。基於區塊鏈建構起來的元宇宙，將使現有互聯網協議平臺上的應用逐步遷移到區塊鏈協議平臺，進而對人類社會產生更大的影響。希望本書能幫助更多人深刻地理解這一未來變革趨勢。

—— BitUniverse 創始人 陳勇

元宇宙概念最初源於遊戲行業，遊戲《堡壘之夜》與美國著名説唱歌手特拉維斯·斯科特合作打造的演唱會創造性地打破了娛樂和遊戲的邊界，同時遊戲也是元宇宙當前階段最有可能率先落地的場景。我作為遊戲行業的創業老兵，能親身經歷這次互聯網變革，為玩家帶來更優秀的體驗，內心十分激動。希望這本書能幫助更多讀者理解元宇宙。

——Habby（海彼）創始人兼首席執行官　王嗣恩

元宇宙是 2021 年每一個人都不能忽視的新趨勢。當下，無論你處於什麼行業，你都可以從本書中得到啟發。本書作者結合從業實踐，著眼未來，能更好地幫你開闊視野。

——魔力耳朵少兒英語創始人　金磊

當前，時代整體發展趨勢正從物質消費階段向精神消費階段過渡，元宇宙概念在此時引爆具有標誌性意義。向「虛」而生是人類的天性，不管是數位化元宇宙還是作者提到的線下元宇宙，都在一定程度上揭示了未來精神消費發展的新趨勢。

——臺灣正念發展協會榮譽理事長　溫宗堃

2021 年是元宇宙元年，元宇宙已成為創業者與投資者的關注焦點。本書對從業者以空杯心態瞭解最新的科技與產品形態，以及思索未來行業發展都有很大幫助。本書作者危文，之前作為知名海外短片平臺的操盤手，對新趨勢、新技術行業發展前景，以及海外市場和用戶需求有非常深的洞察力，這也使得本書有別於其他學術派相關的科普文，非常值得一讀。

——揚帆出海首席執行官 劉武華

或許我們現在無法描繪元宇宙將在什麼時候形成、發展成什麼形態，但不可否認的是，元宇宙是當前互聯網行業發展的巨大機遇，蘊含著無限可能。希望廣大讀者在閱讀完本書後，能夠對元宇宙產生新的認知，找到企業發展的新路徑。

——雲麥科技創始人兼首席執行官 汪洋

在元宇宙概念剛出現時，我就對它可能給人類帶來的後果表示擔憂，甚至有些偏見。人類本身就極大機率地活在模擬器之中，為什麼要給自己再創造一個模擬器呢？但我在讀完本書之後，對元宇宙有了更深的認識，尤其是線下元宇宙的概念。推薦對元宇宙感興趣的朋友閱讀此書。

——Emerging Vision 創始人 崔懷舟

危文在傳統社交產品領域中打滾多年，對虛擬空間中的連接和體驗有著深入實踐，本書是他對自己過往經歷和未來趨勢的一次完整梳理和反覆運算，期待危文在元宇宙領域產出更多的作品，並與讀者分享。

——潮汐 App 創始人 郎啟旭

一些心存疑慮的企業認為元宇宙只是一種幻想，不知何去何從。但回想數十年前，當互聯網這一概念出現時，又有多少人有先見之明呢？事實證明，最先入局的玩家才能夠借著東風、更輕易地成為互聯網賽道上的超級玩家。對於元宇宙這一賽道來說同樣如此。

——赫基國際集團創始人兼首席執行官 徐宇

元宇宙概念的普及和落地，代表著各類數位化新技術的成熟，它將帶給人們更高效的生活、娛樂方式，滿足人們在吃飽穿暖後的多層次精神消費需求。本書深入分析了目前元宇宙相關技術的最新進展和應用案例，為讀者及時理解這一概念提供了重要參考。

——北鯤雲計算創始人兼首席執行官 馮建新

由虛擬世界聯結而成的元宇宙，已被投資界認為是前景廣闊的投資主題，大量資本爭相湧入元宇宙相關賽道。本書通過多個真實案例，採用通俗易懂的語言，將科技理論與實踐應用有機結合在一起，是一本元宇宙的集大成之作。

——觸寶科技創始人 王佳梁

什麼是元宇宙？元宇宙是一個平行於現實世界，又與現實世界相互交融的虛擬空間，是映射現實世界並支持無限拓展的虛擬世界。元宇宙是一股潮流，當你想加入這股時代潮流時，不妨看看這本書，它將為你揭開元宇宙最真實的面紗。

——MetaApp 聯合創始人 周喆吾

在當下移動互聯網市場發展放緩的大環境下，元宇宙打開了互聯網行業發展的新藍海市場，未來也會有越來越多的人才進入這一領域創業。本書不僅能幫助讀者快速理解這一大趨勢，更能幫助大家開闊思路、找到切實可行的創業機會。

——廣東省浙江商會常務副會長兼秘書長、廣東省僑聯常委 程慧秋

元宇宙是我們這一代互聯網人的情懷與夢想，其具身交互特性能為用戶帶來前所未有的體驗，未來整個社會的經濟效率極大可能因此而得到巨大的提升。本書解析了元宇宙概念、技術現狀、產業結構，可以説明讀者快速瞭解這一市場機遇和變革。

——北京雪雲銳創科技有限公司創始人 李國銳

元宇宙作為一個融合了 VR、AI、5G、區塊鏈等諸多新興技術的新型互聯網形態，既符合科技發展趨勢，又滿足了用戶對更高效生活娛樂場景的需求。本書從思維與實踐兩方面對元宇宙進行分析，讓讀者在閱讀後可以對元宇宙有一個全面瞭解。

——林書豪 - 李群籃球聯盟創始人、CBA 廣東宏遠隊前主教練 李群

2021 年是元宇宙元年，科技巨頭和資本紛紛跟進、佈局元宇宙，元宇宙這一概念被推上風口浪尖，成為全社會關注的焦點。本書深入淺出地解析了整個元宇宙生態和產業現狀，能幫助對元宇宙感興趣的讀者快速把握這一歷史性機會。

——北京章光 101 科技股份有限公司董事長 趙勝慧

元宇宙好比一場清醒的夢，是實現人類生活虛實共生形態的通道，也是我們這代互聯網人要去追隨的下一個新征途。本書的亮點在於，其除了講解概念，還闡述了作者線上下親身體驗中形成的心得，更有基於當下劇本殺業態對元宇宙背後邏輯的驗證和推演。

——傳音集團產品總監、廣東省浙青會理事 宋煒

可以預見的是，20 年後的元宇宙將如這一代的互聯網一樣給人類的發展歷程添上濃墨重彩的一筆。如何運用這一次互聯網升級機會，更好地經營線下實體業務，不僅是互聯網行業內部需要關注的事情，也同樣值得所有線下實體經營者們關注，以實現提前入局、把握時代發展的脈搏。

——廣東皮阿諾科學藝術家居股份有限公司副總裁 張開宇

就像做諮詢一樣，我們只有爬上過高山之巔，才能帶領客戶穿過叢林迷霧。而這本書，像是作者站在山巔之上，對所有即將登山的人，描繪著山下的一切，告訴所有關注元宇宙的人，新世界本來的面目。

——知名戰略行銷專家、西方紅戰略行銷創始人 李顯紅

自古以來，人類文明從未放棄過對平行宇宙的探索。隨著區塊鏈、5G 等技術的成熟，再加上全球新冠肺炎疫情對經濟的影響，元宇宙給各行各業指明了一個新的突破方向。這本書會幫你構建對元宇宙的認知，以便你搭上元宇宙的快車。

——省心科技創始人 劉飛

元宇宙不僅是一次互聯網大變革，更是一次思維認知的大升級。本書不但系統闡述了元宇宙的來龍去脈，還創造性地提出了元宇宙的新形態，其不僅對互聯網從業者、投資人具有思想啟迪作用，也對線下實體行業從業者突破思維具有指引作用！

——喜車房 HEYCAR 創始人 朱岳涵

2021 年，元宇宙已經成為科技圈和投資圈備受關注的話題。Facebook 更名為 Meta，將元宇宙定為核心戰略，英偉達、微軟、騰訊、字節跳動等互聯網大廠也紛紛佈局元宇宙賽道，將元宇宙視為互聯網的新機遇。在這一趨勢下，廣大的互聯網企業更要抓住當前企業發展的關鍵節點，以積極的心態擁抱元宇宙。

——鏈塔智庫創始人 張翔

企業的發展離不開時代的推動，順勢而為，抓住時代的風口，才能夠彎道超車，成為行業中的獨角獸。在當下的元宇宙大勢下，我們有必要深刻瞭解元宇宙時代的「航海圖」，以探索未來的「數位新大陸」。

——數字科技創新研究院院長 蔡宗輝

元宇宙為什麼能夠在當下大受歡迎？因為其不僅能夠帶給人們多樣的沉浸式體驗，更在於其能夠創造新的商業模式、引領新的數位經濟趨勢。因此，元宇宙不僅會指引互聯網企業的發展方向，還會對更多領域的企業產生深刻影響。

——中虹源實業有限公司總裁 廖連中

當前，市場上廣泛出現的虛擬偶像已經成為趨勢，越來越多的真人偶像也開始推出自己的虛擬形象。在元宇宙的助推下，以虛擬偶像為代表的虛擬 IP 獲得了極大的發展。隨著元宇宙的發展，虛擬 IP 將在數位行銷中發揮更重要的作用。

——豹變 IP 創始人、豹變學院院長 張大豆

在元宇宙這個潛力無限的市場中，誰先獲得元宇宙的入場券，誰就能率先獲得元宇宙的紅利，實現企業的迅猛發展。在移動互聯網紅利漸漸消退的當下，更富想像力的元宇宙無疑為企業的發展提供了一個新的選擇。

——北京甜柚網路有限公司創始人 黃斯狄

推薦序

2020 年 4 月 24 日，美國著名 Rap 歌手 Travis Scott 與多人對戰遊戲《堡壘之夜》聯名，在全球各大伺服器上演了一場名為「Astronomical」的沉浸式大型演唱會，共吸引了超過 1200 萬名玩家觀看。緊接著，Epic Games 的 CEO Tim Sweeney 拋出了元宇宙這個概念。2021 年 3 月，這個概念在 Roblox 上市時被引用。就這樣，元宇宙概念逐漸在互聯網圈子裡流傳開來。沒過多久，Facebook 的馬克・祖克柏（Mark Zuckerberg）宣布，他的公司將在五年內轉型為一家元宇宙公司，祖克柏還在 10 月底的 Connect 大會中宣佈，將其公司更名為 Meta。祖克柏的舉動引發了互聯網行業的眾多探討，包括微軟在內的一系列科技公司紛紛宣佈入局元宇宙，而幣圈也突然借 NFT（Non-Fungible Token，非同質化代幣）推波助瀾。除此之外，大眾所熟知的《一級玩家》、《脫稿玩家》等電影中提到的相關概念也被媒體反覆引用。一時間，元宇宙被推上了風口浪尖，成為社會各界密切關注的超級熱點。

事實上，元宇宙這一概念雖然火爆於 2021 年，但它其實只是新瓶裝舊酒罷了。早在 1992 年，「Metaverse」（元宇宙）一詞就已經出現在科幻小說《潰雪》（Snow Crash）中。之後，《駭客任務》、《西方極樂園》等影視作品中均有關於元宇宙這一虛擬世界的詳細描繪，不過這些都只是人們對元宇宙的想像。隨著 Roblox 借助元宇宙概念不斷發展，眾多互聯網企業紛紛佈局元宇宙，元宇宙這一概念彷彿在一瞬間成為新的熱點，並在互聯網行業遍地開花。為什麼元宇宙會在當前節點爆發？為什麼全球資本紛紛跑步入場？

一方面，技術的發展需要新產品的推動。從本質上來說，元宇宙是融合了多種新興技術而產生的虛實相融的新型互聯網形態，與此相關的核心技術有虛擬實境、人工智慧、雲端運算、5G 和區塊鏈等，這些技術在某種程度上已經發展成熟，甚至像人機介面這種生命科學與資訊技術的交叉技術在近幾年也有了新的突破。互聯網的意義在於提升人們的效率，無論 PC 互聯網時代還是行動互聯網時代，互聯網企業都在一刻不停地尋找更高效的產品形態。隨著相關技術的成熟，在如今行動互聯網市場增速放緩的大環境下，技術迫切需要以一個新的互聯網形態來大施拳腳。因此，融合了多種技術、能夠容納大量使用者和內容的元宇宙概念無疑為互聯網行業注入了一針興奮劑，而這些技術的融合與發展也為元宇宙的萌芽提供了技術理論基礎。

另一方面，使用者渴望新體驗。可以說，人類的漫長發展史，每個階段都像是一個不同群體相信什麼「故事」就會產生相對應社會結構的過程。從某種意義上講，這種虛構故事的能力，或者說建構虛擬實境的能力，是人類創造和迭代現實世界的基礎。同時，從人類進化史中，我們可以發現一個現象：人類會在虛擬世界補償那些現實世界中的缺憾。事實上，人類很早就建立起了一個個虛擬世界來寄託精神和補償缺失，比如古代的詩歌、繪畫和戲曲，現代的小說、影視、遊戲及劇本殺，種種創作皆是如此。大家都喜歡及時行樂，現實世界中的經歷不可重來，而在虛擬世界卻可以多次重生，從而反覆獲得即時快樂，這種天然屬性對人類來說有著不可抗拒的吸引力。事實上，這也正是遊戲設計的底層邏

輯。因此，大批使用者願意去盡情體驗那些沉浸感、補償感更強的虛擬世界產品，哪怕目前這些產品還只能算是一個概念。

所以，當元宇宙這個為技術方提供巨大發揮空間、為需求方提供廣闊想像空間的概念被引爆時，科技企業和資本市場對它的密切關注也就不足為奇了。在一些互聯網公司的探索實踐下，目前已經出現了一些碎片化的元宇宙遊戲場景、社交場景和工作場景，這些成果能夠為人們帶來一種類似元宇宙的初階體驗。未來，隨著核心技術的進一步發展，在資本市場的助推下，還將出現更多的元宇宙應用，那些碎片化的虛擬世界場景也將走向融合，最終形成一個完善的元宇宙生態。

除了系統化拆解元宇宙概念，並對其發展現狀和未來趨勢進行闡釋，本書作者還基於市場調查研究，創造性地提出了未來元宇宙形態的另一種可能性——線下元宇宙。線下元宇宙是以當代線下劇本殺為起點，透過不斷融合文旅產業，最終建立實景虛擬世界的一種新型元宇宙形態。主流觀點下的數位化元宇宙形態，不僅需要強大的技術支援，而且面臨著較大的政策不確定性，顯然還需要經歷長期的摸索和博弈。相比之下，線下元宇宙是從我們所在的現實世界自然延伸出來的虛擬世界，相較於數位化元宇宙，它的實現路徑更短、外部經濟性更顯著，並且更容易獲得政策支持。因此，線下元宇宙的設想或許同樣值得大家關注。

李學凌

歡聚集團董事長兼首席執行官

前言

2021 年被大多數人稱為元宇宙元年，Google、Facebook、蘋果、微軟、華為、騰訊、字節跳動等網際網路公司紛紛入局元宇宙。2021 年 3 月 10 日，沙盒遊戲平臺 Roblox 成為第一個將元宇宙概念寫進招股說明書的公司，其在紐約交易所上市首日，市值就突破了 400 億美元，引爆了科技圈和資本圈。自此，元宇宙的概念引發了社會各界的關注和討論，各路媒體爭相報導，形成了元宇宙現象。

什麼是元宇宙？元宇宙是一個平行於現實世界，又獨立於現實世界的虛擬空間，是反映現實世界的線上虛擬世界，是趨於真實的數位虛擬世界。維基百科對「元宇宙」的描述為：透過虛擬增強的物理現實，呈現收斂性和物理持久性特徵的、基於未來網際網路的、具有連結感知和共用特徵的 3D 虛擬空間。

對元宇宙的設想，很早便在影視作品中有所體現。1982 年的《電子世界爭霸戰》展現了人類進入虛擬世界的想像；1999 年的《駭客任務》講述了人工智慧（Artificial Intelligence，AI）控制「現實世界」的故事；2018 年的《一級玩家》建構了虛擬世界「綠洲」；2021 年《脫稿玩家》中的「自由城」已經極為接近現在的元宇宙概念。從這些影視作品中可以看出，人類對於虛擬世界的探求從未停止。

2020 年，新冠肺炎疫情（下文簡稱疫情）的突然爆發，讓遠端協作等相關領域被越來越多的人接受，進一步加速了元宇宙的發展。美國歌手 Travis Scott 在 Epic Games 旗下的遊戲《堡壘之夜》中舉辦了一場線上

演唱會，共有 1200 萬餘名玩家參與，在為玩家提供新的沉浸式體驗的同時，也拓展了應用元宇宙的新場景。

目前，與虛擬世界連結而成的元宇宙，已被投資界視為前景廣闊的投資主題，大量資本爭相湧入元宇宙相關賽道。但是，元宇宙在飛速發展的同時也不免引發了人們的一些擔憂，即全員進入虛擬世界，是否會導致人類停止對外部資源的探索，引發人類文明的衰退？

對此，我們需要找到平衡虛擬世界與現實世界發展的方式。根據虛擬實境補償論，任何能帶給人們沉浸感、參與感、補償感的外部經濟性虛擬實境形態都可能受到歡迎。那麼，實現路徑更短、外部經濟性更顯性的線下元宇宙也許是平衡虛擬世界與現實世界的最佳解。

不同於脫離現實世界而存在的線上元宇宙，線下元宇宙依託現實世界的資源而存在。例如，現在熱門的劇本殺就非常接近線下元宇宙的雛形，其利用劇本、道具和場景模擬出一個令人沉浸其中的虛擬世界，讓玩家從中獲得情感的寄託和補償，以豐富精神世界。

劇本殺等線下元宇宙的建構是實體經濟興起的重要手法，實現路徑上遠遠短於線上元宇宙，無須技術的跨越式發展。目前，劇本殺等線下元宇宙已經和文旅等產業密切結合，爆發出了極強的創新能力，受到了年輕人的熱烈歡迎。

本書不僅對現在火紅的元宇宙概念，包括其產業現狀、未來趨勢等進行了全面解析，還對元宇宙概念進行了拓展，提出了線下元宇宙這一新思路。希望廣大讀者在閱讀完本書後，能夠對元宇宙產生新的認知，找到企業發展的新路徑。

目錄

Part 1 入門篇

01 元宇宙：平行於現實世界的虛擬世界

02 產業現狀：產業鏈逐步形成，穩定發展

:03: BAND：建立元宇宙的四大技術支柱

04 大勢所趨：元宇宙成為網際網路發展的下一階段

Part 2　應用篇

05 資本湧入：元宇宙市場風起雲湧

06　遊戲 + 社群：元宇宙的入口

Part 3　展望篇

08 融合互動：元宇宙與現實世界的碰撞

09 品牌虛擬化：虛擬世界行銷 + 虛擬品牌

10 資產虛擬化：重塑數位經濟體系

11 線下元宇宙：劇本殺模擬新世界

12 元宇宙的未來：道路曲折但前途光明

Part 1
入門篇

Chapter

01

元宇宙：平行於現實世界
的虛擬世界

2021 年，元宇宙這個新奇的概念在網際網路行業急速升溫，網際網路巨頭將發展的目光瞄向元宇宙，同時元宇宙也成為大咖們投資的藍海市場。那麼，讓這些巨頭和資本看好的元宇宙究竟是什麼？就目前來看，雖然元宇宙是一個十分科幻且帶有神秘色彩的概念，但我們仍然可以從其起源和發展的角度一窺究竟。

1.1　元宇宙初探：什麼是元宇宙

在探索元宇宙時，僅透過一個概念，我們很難對元宇宙形成更加深刻、完整的認知。元宇宙是如何從科幻小說走進現實的？元宇宙搭建了一個怎樣的生態？實際上，只有在了解了更多元宇宙的內容之後，我們眼中的元宇宙才會從一個單純的概念變為一個奇幻瑰麗的虛擬世界。

1.1.1　起源：從超元域到元宇宙

當前，在網際網路行業及投資圈中，元宇宙無疑是一個熱門詞，但它卻不是一個新概念。早在 1992 年，元宇宙「Metaverse」的概念就已經誕生，到了 2 021 年，這個概念被引入投資圈，並引起了大眾的廣泛熱議。

1992 年，美國科幻作家尼爾·史蒂芬森在其小說《潰雪》中提出了「Metaverse」這一概念。他在書中描繪了一個平行於現實世界的虛擬世界「Metaverse」，人們可以透過 Avatar（化身）在虛擬世界中進行遊戲、社交。

書中是這樣描述「Metaverse」的：「和現實世界中的任何地方一樣，這裡也需要開發建設。在這裡，開發者可以建構街道，修造樓宇、公園，以及各種現實中不存在的東西，如懸在半空的巨型燈牌、無視三維時空法則的街區、自由格鬥地帶等。」

從中可以看出，作者透過「Metaverse」描繪了一個基於科幻想像的虛擬世界，或者說是未來的虛擬世界。然而，在小說的中文譯本中，「Metaverse」一詞被翻譯為「超元域」。

2021 年 3 月，沙盒遊戲平臺 Roblox 將「Metaverse」寫進了招股書並成功上市。此後，「Metaverse」的另一種譯稱「元宇宙」開始火爆投資圈，並逐漸引起越來越多網際網路巨頭的關注。

為什麼元宇宙這樣一個源於科幻小說的概念會火爆投資圈呢？

一方面，在元宇宙未與資本掛勾之前，人們已經對這個奇幻的虛擬世界進行了各式各樣的想像，這為元宇宙走進投資圈提供了認知鋪墊和投資契機。

在網際網路普及過程中，數位化的發展使建構虛擬世界成為可能。在這一背景下，美國 Linden 實驗室推出了網路遊戲《第二人生》，向玩家提供虛擬土地，玩家可以透過自主創造，在遊戲中建立一個與現實世界平行的虛擬世界。

而後，隨著技術的發展，人們的想像力跟著被啟發，產生了更多關於元宇宙的想像。美劇《西方極樂園》設計了一個類似元宇宙的玩法，遊客進入虛擬世界後，可以根據自己的選擇體驗個性化的旅程。美中不足的是，在虛擬世界中與遊客互動的多為 NPC（Non-player Character，非玩家角色），由於 NPC 的記憶會被清空，因此遊客無法獲得連貫的虛擬世界體驗。

不同於《西方極樂園》，電影《一級玩家》更完整地描繪了元宇宙的樣貌。《一級玩家》描繪了一個虛擬世界「綠洲」，如圖 1-1 所示。

在「綠洲」中，人們可以憑藉自己的興趣從事各種創造性的工作，獲得「綠洲幣」，並以此作為結算的報酬。人們還可以在「綠洲」中消費「綠洲幣」，或將其兌換為現實世界的貨幣。「綠洲」中有完整運作的經濟體

系，資料、數位資產、數位內容等都可以在其中通行，人們可以在這個世界中使用已有的設備，也可以自己建造新的設備，進而豐富這個虛擬世界。

圖 1-1 《一級玩家》中的虛擬世界「綠洲」

另一方面，當前元宇宙的內涵已經超越了《潰雪》中描述的虛擬世界，各種先進技術的發展為元宇宙從幻想走進現實提供了路徑。《潰雪》中的「Metaverse」更多的是對虛擬世界充滿科幻意味的想像，而當下語境中的元宇宙彙集了資訊技術革命、網路技術革命、人工智慧革命及虛擬實境技術革命的一系列成果，展現出了建構平行於現實世界的虛擬世界的可能性。在技術加持的光明前景下，元宇宙一經引進，就在投資圈產生了劇烈的衝擊波。

從超元域到元宇宙，「Metaverse」從小說中的想像變為網際網路行業發展的新方向，投資者眼中的香餑餑。雖然在元宇宙何時到來這一問題上眾說紛紜，但不可否認的是，在光明前景的引領下，越來越多的企業和投資機構即將入局，力求成為新時代的弄潮兒。

1.1.2 生態梳理：元宇宙的 7 層構成要素

元宇宙並非單純指某個遊戲場景或社交空間，成熟的元宇宙體系能夠形成一個由創作者驅動、以去中心化為基礎的完整生態。具體而言，元宇宙包含 7 層構成要素，如圖 1-2 所示。

圖 1-2　元宇宙的 7 層構成要素

第 1 層：體驗層

很多人認為，元宇宙就是把現實世界搬到線上，在虛擬世界裡打造虛擬的三維空間。但事實上，元宇宙既不是三維的，也不是二維的，而是對現實空間、距離及物體的「非物質化」。現實生活中無法實現的體驗在元宇宙中都會變得觸手可及。

以遊戲為例，在遊戲裡玩家可以成為任何角色，如歌星、賽車手等，並透過自己的角色獲得不一樣的體驗。同時，遊戲世界可以融入現實世界的各種場景，並帶給玩家更好的體驗。例如，現實世界中演唱會前排的位置十分有限，很多處於後排位置的觀眾無法獲得很好的觀看體驗，但

如果將演唱會搬到遊戲中，虛擬世界的演唱會可以產生每個玩家的個性化影像，玩家無論身處什麼位置，都能夠獲得最佳的觀看體驗。

第 2 層：發現層

發現層聚焦於將人們吸引到元宇宙的方式。具體而言，發現層中的發現系統可分為以下兩種：

（1）主動發現機制：使用者自發找尋。主動發現機制包括即時顯示、社群驅動型內容、應用商店及內容分發等，可以透過搜尋引擎、口碑媒體等實現。

（2）被動輸入機制：使用者並無確切需求、沒有發起選擇時推薦給使用者。被動輸入機制包括顯示廣告、群發型廣告投放、通知等。

以即時顯示為例，流覽社群的主要形式就是即時顯示。即時顯示功能聚焦於當下人們的動向，這在元宇宙中是十分重要的，元宇宙的重要價值體現於在共有體驗基礎上的玩家之間的雙向互動。同時，對於創作者來說，元宇宙多種活動的即時查看功能是發現層的重要功能。在這一功能下，創作者能夠即時了解多種活動的動向，獲得多樣的活動體驗。

第 3 層：創作者經濟層

在元宇宙中，使用者不僅可以體驗多樣的場景，還可以自由創作，形成創作者經濟。創作者經濟層中包含創作者用來創作的所有技術。借助各種工具和範本，創作者可以自由發揮想像，打造極具創意的內容。

當前，Roblox、Rec Room 等遊戲平臺中已經集成了大量創作工具，人們可以藉此在虛擬世界中進行自由創作。而未來在元宇宙中，借助更多

樣化的設計工具，創作者可以完成更多樣的創作，透過元宇宙中的資產市場進行交易，從而獲得收益。

第 4 層：空間計算層

空間計算層的軟體演算法能夠把人或物轉化為數位地圖，建立一個可量化、可操縱的數位世界。這為混合現實、虛擬計算提供了解決方案，能夠消除現實世界和虛擬世界之間的障礙。

元宇宙的空間計算層包含各種連接現實世界和虛擬世界的軟體，包括顯示幾何和動畫的 3D 引擎；地理空間映射和物體辨識、語音和動作辨識等來自設備的資料集成技術，以及來自人的生物識別技術；支援併發資訊流和分析的使用者互動介面等。

第 5 層：去中心化層

元宇宙是一個去中心化的世界，不受某一個公司或者國家的控制，每個人都可以在這個世界裡自由、無限地創作內容。誰在元宇宙中創造的價值多，誰就會獲得更多的回報。同時，對於自己創作的內容，創作者擁有獨立的資料主權。

在這方面，區塊鏈技術將為元宇宙的去中心化運作提供支援。首先，在 DAO（Decentralized Autonomous Organization，去中心化自治組織）中，元宇宙的規則被程式化部署在區塊鏈上的智慧合約中，以保證各項活動和交易公平公正。其次，區塊鏈技術可以實現元宇宙的分層治理，以加強對生態系統的保護並減少網路延遲。最後，區塊鏈技術可提供完整的去中心化基礎設施，並在此基礎上實現去中心化經濟。

第 6 層：人機互動層

在人機互動層，微型裝置與人類軀體的結合將更加緊密。當前，已經出現了 AR（Augmented Reality，擴增實境）眼鏡、VR（Virtual Reality，虛擬實境）頭戴式顯示器等。同時，越來越多的企業正在驗證其他人機對話模式的可能性，打造更加先進的人機互動設備，例如，可集成到服裝中的可穿戴裝置，可印在皮膚上的微型生物感測器等。

第 7 層：基礎設施層

基礎設施層包括支援人們進入元宇宙的設備，以及將現實世界和虛擬世界連接到網路並提供內容的技術。例如，高速度、低延遲、大寬頻的 5G 網路，甚至是未來更高性能的 6G 網路；實現未來移動設備、顯示裝置和可穿戴裝置所需要的高性能、更小巧的硬體設備，如 3 奈米晶片、支援微型感測器的微機電系統、持久耐用的電池等。

1.1.3　元宇宙的四大核心屬性

元宇宙是虛擬與現實互通、擁有循環經濟體系的開源生態，雖然現在還無法描述元宇宙的最終形態，但我們仍然可以從其核心屬性對元宇宙展開想像。元宇宙擁有四大核心屬性，如圖 1-3 所示。

圖 1-3　元宇宙四大核心屬性

1. 同步和擬真

元宇宙中的虛擬世界和現實世界互通並高度同步，互動體驗也十分逼真。同步和擬真意味著現實世界中產生的一切活動都將同步到虛擬世界中，同時，使用者在虛擬世界中進行互動也能得到真實的回饋資訊。

2. 開源和建立

開源包括技術開源和平臺開源。元宇宙借助各種標準和協定將程式碼進行封裝和模組化，使用者可以根據自己的需求進行建立，豐富虛擬世界，不斷擴展元宇宙邊界。同時，正是基於這種可創造性，元宇宙才能夠一直運作下去。

3. 持續性

持續性是從時間角度來講的，如果把元宇宙比作一個遊戲，那麼它就是一個「永不結束的遊戲」。怎樣理解元宇宙的這種持續性呢？元宇宙是

跨越週期的，既不會隨著某個營業公司的消亡而消亡，又不會因為某個國家的消亡而消亡，它能夠跨越企業興衰的週期和國家興衰的週期。元宇宙不會消失，而是會在創作者的建立中無限期地持續下去。

4. 循環經濟系統

元宇宙中有完善的循環經濟系統，使用者的生產和工作等活動的價值可以用元宇宙中統一的虛擬貨幣來衡量。使用者可以在元宇宙中工作賺錢，使用虛擬貨幣在元宇宙中消費，也可以將其兌換為現實世界中的貨幣。經濟系統是驅動元宇宙不斷發展的引擎。

1.1.4 聚焦八大特徵，走進元宇宙不是夢

2021 年，隨著 Roblox 的成功上市，元宇宙概念迅速竄紅，「元宇宙＋」成為席捲網際網路和金融等行業的新潮流。Roblox 是一款相容虛擬世界和自建內容的沙盒類遊戲平臺，玩家可在平臺上自由建立遊戲。同時，Roblox 上的玩家擁有獨立身份，能夠在虛擬世界中使用虛擬貨幣，並且虛擬貨幣能夠與現實世界的貨幣進行雙向互換。虛擬世界中包含經濟體系和虛擬貨幣，玩家擁有獨立身份，可以自行開發內容，這些都是構成元宇宙的基本元素。可以说，Roblox 的遊戲模式是一個元宇宙的雛形。

那麼，真正的元宇宙是怎樣的呢？ Roblox 的 CEO David Baszucki 曾表示，元宇宙具有八大特徵。

1. 身份（Identity）

從身處其中的體驗來看，人們需要一個虛擬身分，如歌手、醫生、老師等，這個身分與現實世界中的身分是一一對應的。

2. 朋友（Friends）

元宇宙中有完善的社群網路，人們可以在元宇宙中與真人社交，結識朋友。

3. 沉浸感（Immersive）

人們對元宇宙的感受是沉浸式的，具有真實感。一方面，人們可以在逼真的虛擬世界中產生真實感；另一方面，人們可以借助 VR 裝置、動作捕捉裝置等沉浸在虛擬世界中，身臨其境般地感受虛擬世界的奇幻。

4. 低延遲（Low Friction）

延遲指的是資料從使用者端到伺服器再返回使用者端耗費的時間。為了保證更好的體驗，無論進入元宇宙，還是在其中活動，人們都需要低延遲的網路。

5. 多元化（Variety）

元宇宙是多元化的，其不僅能夠實現現實生活中的各種場景，還能夠打造出各種現實中不可能實現的奇幻空間。大量差異化的內容能夠支援人們多樣、長期的興趣。

6. 隨地（Anywhere）

隨地即人們不受地點的限制，可以隨時隨地出入元宇宙。這主要表現在兩個方面。一方面，元宇宙能夠實現低門檻進入，讓更多願意探索元宇宙的人進入元宇宙；另一方面，元宇宙擁有多端入口，無論透過 PC 端還是行動裝置端，人們都可以輕鬆進入元宇宙。

7. 經濟系統（Economy）

元宇宙中有完整的經濟系統，人們可以在其中交易，獲得報酬。同時，元宇宙中的經濟系統與現實世界的經濟系統是連通的，可實現資金的自由流動。

8. 文明（Civility）

元宇宙要具有安全性和穩定性，人們可以在元宇宙中體驗和創作，在虛擬世界大繁榮的過程中形成獨特的價值理念和文化特徵，最終形成新的文明。想要產生新的文明，需要一個漫長的過程，需要在元宇宙的長期發展中孕育。

作為提出以上八大特徵的先驅，在 Baszucki 的帶領下，Roblox 在以上很多方面進行了嘗試。例如，在沉浸感方面，Roblox 正在測試一項名為「空間語音」的功能，該功能可以為玩家提供一種更具沉浸感的互動方式，如圖 1-4 所示。

圖 1-4　玩家在遊戲中透過語音和手勢互動

在現實世界中，人們會透過聲音和動作進行社交、互動，如歡呼著向朋友招手，高喊著和朋友擁抱等，在遊戲中實現這些場景能夠增強玩家的沉浸感。「空間語音」功能上線後，玩家能夠自然地在遊戲中與其他玩家進行語音聊天，可以向遠處的玩家呼喊或者和近處的玩家低聲私語。這種反映現實空間中聲音傳播方式的語音功能更能增強虛擬世界的真實感。

1.2 ◣ 體驗的價值：元宇宙提供多元化體驗

元宇宙作為當下的風口，具有值得深入挖掘的巨大價值，能夠在許多方面帶給人們更新奇的體驗。分析使用者在元宇宙中能夠獲得怎樣的體驗是研究元宇宙的重要問題。根據元宇宙的特徵，使用者在元宇宙中可以獲得遊戲、社交、內容、消費等多方面的體驗。

1.2.1 遊戲體驗：遊戲與元宇宙密不可分

元宇宙的搭建與遊戲密切相關，虛擬世界的建設需要依賴遊戲技術的實現。遊戲為元宇宙提供了展現方式，同時也為元宇宙使用者提供了更加沉浸和多元的體驗。目前，以 Roblox、《堡壘之夜》等為代表的遊戲平臺和遊戲已經得到了市場認可。在遊戲中，元宇宙能夠為使用者提供多元的泛娛樂體驗。

元宇宙的核心是打造以現實世界為基礎的虛擬世界，這與遊戲的產品形態十分相似。遊戲是搭建元宇宙的底層邏輯，同時元宇宙也會在遊戲的基礎上進一步延伸。

第一，遊戲和元宇宙都打造了一個虛擬世界，其中，遊戲透過打造地圖和場景，建立了一個有邊界的虛擬世界。例如，開放世界遊戲《俠盜獵車手5》（*Grand Theft Auto 5*）打造了一張洛聖都大地圖，透過精細化場景的打造豐富了玩家的探索體驗，玩家在遊戲中也有一定的自由度。遊戲是元宇宙展現方式的基礎，在這個基礎上，元宇宙最終將變為一個邊界持續擴張的虛擬世界，能夠承載不斷擴張的內容。

第二，遊戲和元宇宙都會給予使用者一個虛擬身份，支援虛擬形象的個性化打造，能夠讓使用者以這個虛擬身份進行娛樂、社交、交易等。例如，在社區養成遊戲《摩爾莊園》中，玩家可以個性化選擇自己虛擬形象的膚色、髮型、服裝、配飾等，同時可以借此虛擬形象與遊戲中的其他玩家交流、結成鄰居、共建莊園等。

不同的遊戲有不同的身份系統和社交系統。但是，元宇宙作為一個統一的體系，需要提供統一的身份系統，以便使用者形成完整、多樣的社交關係。這能夠為使用者提供更好的遊戲和社交體驗，增加使用者黏著度。

第三，遊戲引擎是元宇宙打造沉浸式擬真虛擬世界的必備能力。元宇宙作為大規模即時互動的數位場景，需要具備實現高度擬真的能力，並且需要將這種能力以工具化的形式提供給使用者。遊戲引擎為此提供了解決方案。當前，遊戲行業內的 Unreal Engine 4 和 Unity3D 引擎已經實現了人物、場景的擬真製作，同時遊戲引擎仍在不斷發展之中。未來，隨著引擎能力的不斷提升，更高擬真表現力和更加便捷的引擎將推動元宇宙的發展。

以 Roblox 為例，基於內容創作生態帶來的遊戲自由度，其「元宇宙雛形」的定位得到了廣泛認可，同時也為玩家提供了不同於傳統遊戲的新奇體驗。Roblox 支持沙盒類遊戲的創作和體驗，提供便捷實用的創作工具，幫助玩家產出豐富、有創意的遊戲內容。

Roblox 產品包括 Roblox 使用者端、Roblox Studio 和 Roblox Cloud 等。Roblox 使用者端是玩家進入並探索虛擬世界的應用程式；Roblox Studio 為玩家提供工具集，玩家可借此進行虛擬世界的創造和運作；Roblox Cloud 涵蓋為玩家提供支援的服務和基礎設施。

借助這些產品，玩家可以在 Roblox 上自由創作各種遊戲，也可以享受豐富多樣的遊戲體驗。Roblox 具有上百萬個遊戲，其涵蓋了體育、角色扮演、經營養成、動作射擊等多方面的內容，能夠滿足玩家多樣化的遊戲需求。同時，玩家在體驗遊戲之餘也可以自己創作遊戲，並從中獲得收益。Roblox 官方資料顯示，截至 2020 年年底，有 127 萬人透過開發遊戲獲得收益，845 萬個遊戲得到了玩家的存取。

由此可見，相比於場景有限、玩法單一的傳統遊戲，作為元宇宙雛形的 Roblox 能夠提供更多樣的遊戲體驗。形態成熟的元宇宙，必然會在遊戲體驗上實現沉浸感、多元化等多方面的升級。

1.2.2 社交體驗：身臨其境的多元社交場景

在社交方面，元宇宙能夠為使用者提供身臨其境般的豐富社交體驗，這得益於遊戲性帶來的豐富社交場景和沉浸式社交體驗。同時，虛擬身份能夠淡化物理距離、社會地位等因素引發的社交障礙，給予使用者更強的參與感受。

一方面，基於遊戲性，元宇宙能夠提供豐富的社交場景和沉浸式社交體驗。在遊戲中，玩家的各種遊戲行為自然承載著社交功能，如在《魔獸世界》中，玩家間的公會、好友系統等都具有社交屬性。除了遊戲互動，Roblox 和《堡壘之夜》也提供了更多的社交功能，允許玩家在虛擬世界中聚會、召開演唱會等。同時，借助 VR 設備，玩家可身臨其境地體驗虛擬世界中的場景，並與其他玩家進行即時、自然的溝通。未來，隨著元宇宙的不斷成熟，其帶來的沉浸感和擬真程度也會不斷升級，能夠為使用者提供更強沉浸感的社交體驗。

以 Roblox 為例，其平臺上擁有大量具有社交屬性的遊戲，玩家可在遊戲中共同體驗遊戲、共同打造遊戲場景。同時，Roblox 還開設了「Play Together」（一起玩）、「Party Place」（派對舉辦地）等新社交形式，豐富了玩家的社交體驗。同時，Roblox 中的遊戲強調線上線下好友的即時互動，進一步豐富了玩家的社交體驗。

另一方面，虛擬身份能夠減少現實中的社交障礙，讓使用者有更強的參與感。透過打造個性化虛擬身份，使用者可以憑自己的喜好設計虛擬形象，從而獲得更強的參與感。例如，在 Roblox 中，玩家可以自行設計道具來凸顯個性。同時，虛擬世界中的社交能夠消除各種社交障礙，如因物理距離、外貌、社會地位等因素造成的障礙，讓使用者可以自由、平等地表達自我。

社交 App Soul 在這方面做了有關探索。Soul 為使用者提供了一個虛擬身份，使用者可以透過「捏臉」的方式自行設計理想中的虛擬形象，並編輯個人資料。憑藉這個虛擬身份，使用者可以自由展示自己的個性和才華，不會受到現實身份，如年齡、長相、社會地位等的限制。

同時，Soul 注重基於興趣圖譜的社交方式。Soul 為使用者生成興趣圖譜，據此將使用者送到不同的「星球」，並根據興趣圖譜推送內容和具有相似興趣的其他使用者。使用者可以透過「靈魂匹配」、「群聊派對」、「語音匹配」、「視訊匹配」等方式找到與自己志同道合的人，如圖1-5 所示。

圖 1-5　Soul 中的社交功能

Soul 的特殊之處在於，使用者在虛擬空間中建立的社交關係網不是線下關係在線上的映射，而是基於個人虛擬身份、Soul 的關係推薦引擎形成的新的社交關係網，這會帶給使用者更加沉浸的社交體驗和歸屬感。

當下，許多元宇宙領域的公司都在社交場景、社交形式、社交沉浸感等方面進行了探索。可以想像，在未來的元宇宙中，社交功能將更加豐富，更多社交娛樂方式和打破虛擬與現實邊界的方式將會出現，社交元宇宙的發展值得期待。

1.2.3 內容體驗：豐富的內容供給和沉浸式的內容體驗

由於使用者的不斷創造，元宇宙會保持持續擴張的狀態，這也是元宇宙持續發展的重要因素。元宇宙對內容的質量和持續的內容再生有著根本性需求。在龐大內容的支撐下，元宇宙能夠為使用者提供豐富的內容和沉浸式的內容體驗。

在這方面，騰訊以泛娛樂戰略為指導，注重多方面的內容供給及持續的內容創作，具有發展成為內容領域元宇宙的潛力。依託在社群網路領域的超強影響力，騰訊以內部孵化、外部投資等多種方式在泛娛樂領域內積極佈局，逐漸成為網路遊戲、影視製作、線上遊戲等領域的翹楚。在不斷發展的過程中，騰訊逐步打造出了觸角廣泛的泛娛樂矩陣。

在遊戲方面，騰訊圍繞「閱文 +IEG（騰訊互娛）+ 鬥魚 / 虎牙 + 社交」，打造面向 Z 世代（1995—2009 年出生的一代人）的互動娛樂社區。遊戲產業主要分為上游創意開發、中游遊戲製作和下游遊戲社區。上游的閱文提供原創 IP，中游的 IEG 提供強大的研發團隊，下游的鬥魚 / 虎牙佈局遊戲內容社區。在 IEG 的推動下，上下游間能夠進行更多資源和業務的配合，研發出多樣的遊戲並打造社交性極強的遊戲內容社區。

在影視方面，騰訊影視圍繞「閱文 + 企鵝影視 + 騰訊影音 + 貓眼 + 短影音」，提升 IP 運作效率，豐富騰訊體系內容生態。影視產業鏈主要分為上游 IP 供給、中游內容生產和下游管道放映。在 IP 供給方面，閱文是騰訊影視內容的主要改編源頭，為騰訊影視製作提供多樣的文學 IP；在內容生產方面，企鵝影視和騰訊影音透過打造自製影劇、影視投資、鼓

勵使用者創作短影音等方式實現豐富的內容生產；在管道放映方面，貓眼以在票務領域的龍頭管道優勢，為騰訊影視的影片宣傳提供支援。

在音樂方面，騰訊圍繞「閱文／騰訊影音／騰訊遊戲＋TME（騰訊音樂娛樂）＋社交」，增強 TME 在版權業務方面的話語權，並提升變現能力。TME 和閱文、騰訊影音、騰訊遊戲的深度聯動，在拓展 TME 音樂儲備的同時，也能夠發揮 TME 的音樂資源和使用者資料優勢，為影音、遊戲等推出更受使用者歡迎的音樂作品。

內容生態的邊界不斷擴張，除了 PGC（Professional Generated Content，專業生產內容），還需要用豐富的 UGC（User Generated Content，使用者生產內容）不斷拓寬邊界。整體來看，內容生產演進分為 4 個階段，如圖 1-6 所示。

PGC
單使用者體驗

UGC
小規模使用者目的性社交

AI輔助UGC
大規模使用者即時社交

全AI製作
元宇宙自由社交

圖 1-6　內容生產演進的 4 個階段

如圖 1-6 所示，內容生產演進分為 PGC、UGC、AI 輔助 UGC、全 AI 製作 4 個階段，為使用者提供的社交體驗也在不斷升級。同時，隨著內容生產方式的演進和社交形態的變化，所產出的內容產量也會不斷增加。

當前很多內容的生產已經從 PGC 變為 UGC，內容產能和社交形態都實現了跨越式升級。以《俠盜獵車手 5》等開放世界遊戲為例，遊戲內容的邊界受到專業團隊產能的限制，但是隨著玩家自己製作的 MOD（Modification，遊戲模組）的出現，玩家可以新增、更換遊戲內容，這豐富了遊戲的內容體系。UGC 是內容生態的引爆器，除了專業的 PGC 內容生產者，廣大 UGC 內容創作者能夠不斷豐富內容庫，UGC 的產量甚至會超過 PGC。

此外，大量高品質的 UCG 內容產出還需要 AI 技術的加持。目前已有公司在這方面進行了探索，如 Roblox 使用 AI 技術將英語遊戲自動翻譯成漢語、德語等八種語言，同時字節跳動、百度、科大訊飛等皆已推出 AI 虛擬主播，能夠輕鬆實現互動等功能。AI 工具的使用使內容創作更輕鬆，進而使創作者專注於內容品質。隨著 AI 技術的不斷發展，未來的內容生產最終會進入全 AI 製作的階段。隨著大量高品質內容的產生，使用者在元宇宙裡將能夠獲得多元化的優質內容體驗。

隨著技術水準的提升，元宇宙中內容的沉浸式體驗會進一步升級。當前，內容展現形式以圖文、影音為主。然而隨著 AR/VR 等技術的發展，內容的展現形式也會進一步升級。使用者可以在元宇宙中獲得沉浸式的內容體驗，能夠真切感受到恐龍、精靈或其他虛擬物種和自己擦肩而過，能夠瞬移至元宇宙的其他地方領略不一樣的風景。

例如，在音樂方面，我們可以結合 AR/VR 等技術打造沉浸式演唱會。遠在千里之外的使用者不再隔著顯示螢幕觀看演唱會，而是可以以虛擬化身「穿越」到虛擬演唱會中，和歌手一起跳舞、合唱。

隨著內容體驗的進一步升級，元宇宙有望取代當前的短影音、直播等互動形式，佔據使用者更長的使用時間。相較於當前的內容展現形式，元宇宙對在網際網路影響下成長的年輕使用者更具吸引力。

1.2.4 消費體驗：線上消費體驗升級

元宇宙不是一個只能夠提供娛樂與社交的虛擬空間，而是一個擁有完善的社會秩序、經濟體系的虛擬世界。元宇宙將打造一個連接萬物的超級數位場景，更多的數位化場景將在其中被建立。在這個過程中，使用者的消費體驗將來可能被重塑，線上沉浸式消費體驗將不斷升級。

從早期的電話購物到淘寶、京東等電商平臺的興起，再到小紅書「種草」、直播帶貨等模式的產生，可以說，隨著技術的不斷反覆運算，使用者的線上消費體驗在不斷升級，使用者獲取的資訊不斷增加。從圖文結合展示商品，即使用者透過圖片外觀和文字描述選擇自己喜歡的商品，升級到了以影音、直播的形式向使用者全方位展示商品，從而讓使用者獲得更完整的商品資訊。

從傳播學的角度來講，短影音和直播的傳播能力遠高過圖文傳播。同時，隨著內容電商的發展，小紅書、抖音、快手等平臺上湧現了一系列分享推薦好物的 KOL（Key Opinion Leader，意見領袖），他們從使用者的角度出發，為使用者提供更全面、更直觀的產品資訊，展示使用效

果。這使得使用者能夠透過線上平臺獲得更多的資訊，同時也重塑了消費流程，很多使用者的購買決策都是由平臺上的產品推薦所引起的。

在元宇宙時代，基於新的對話模式，使用者的消費體驗也將升級。在 AR/VR 等技術的發展、應用下，沉浸式消費將成為常態，使用者將體驗到更加直觀且沉浸的購物場景，獲得更好的購物體驗。

當下，不少企業都升級了消費互動模式。例如，天貓上線了 AR 虛擬試妝小程式，讓使用者足不出戶就可以線上試色，買到適合自己的化妝品；得物上線了 AR 虛擬試鞋功能，以便使用者看到鞋子上腳的效果，避免因為上腳效果不好看而退貨等問題的出現。

未來，隨著元宇宙的不斷發展和成熟，沉浸式的消費體驗會逐漸成為流行趨勢。不僅是購買化妝品、鞋子等小件商品，AR 房屋裝修、模擬旅遊景點等都將逐漸出現在人們的生活中。此外，使用者獲得的資訊也將進一步增加。借助穿戴式裝置、感測裝置等，使用者不僅可以真實地看到商品，還可以觸摸到商品，獲得更沉浸的購物體驗。

1.3 朝向數位世界發展：疫情的催化 +Z 世代的召喚

從社會發展角度來看，元宇宙是未來的真實數位社會，是網際網路的進階形態。其依託於現實世界而建立，與現實世界的發展密切相關。其中，疫情的爆發和 Z 世代的數位體驗需求加速了元宇宙的到來，前者加速了線上化過程，後者體現了中長期的進化需求。

1.3.1 疫情之下，線上化趨勢越明顯

2020 年，疫情的爆發對人們的工作和生活產生了很大影響，迫於情勢，居家辦公、線上商務成了很多公司的選擇。在此期間，釘釘、企業微信、騰訊會議等商務軟體成為諸多上班族線上辦公的好幫手，線上打卡、線上會議、線上協調辦公等成為辦公新趨勢。

除了線上辦公，零售、教育、醫療等領域也紛紛線上化。在零售方面，越來越多的零售商透過抖音、快手等平臺開啟了直播，以直播賣貨的形式實現了線上銷售；在教育方面，在封校的情況下，全國很多學校都透過釘釘、騰訊課堂等實現了線上教學；在醫療方面，「網際網路＋醫療」異軍突起，越來越多的醫院開通了線上服務，為使用者提供防疫科普、線上諮詢、遠端看診、藥物配送等服務。

當前，AI、智慧終端機、雲端運算等進入各個行業，加速了線上線下的融合。當我們看到網約車司機、快遞員在按照軟體的指示工作的時候，雖然他們提供的依舊是線下服務，但其工作協調模式、調度模式等卻越來越線上化。

除了中國，放眼全球，線上化趨勢也十分明顯。2020 年，Zoom、Microsoft Teams、Google Meet 等辦公軟體大放異彩。在疫情逐漸得到控制的情況下，遠端辦公並沒有消失，相反，Zoom 的使用者增長率和付費率不斷提升，原因在於，線上辦公在降低辦公成本的同時還能提高工作效率。線上辦公受到越來越多的企業和個人的歡迎，人們的生活方式和思維方式在潛移默化中發生了改變。

線上化、數位化是元宇宙形成和發展的前提。疫情壓縮了人們的線下活動空間，促使線上活動增加。這使得人們將更多的時間用於線上，對虛擬世界投入的精力更多，也增強了人們對於虛擬世界的價值認同，為元宇宙的到來做好了鋪陳。

1.3.2 YOLO 文化興起，Z 世代的數位體驗需求爆發

Z 世代是數位世界的原住民，其對網際網路、線上遊戲、虛擬世界等的接受度很高，更傾向於在網路中表達觀點。知乎 2021 年第二季財報顯示，年輕使用者成為增長主力軍，在此前兩年中，平均月活躍使用者中 18 ～ 25 歲的使用者占比超過 40%。另一個年輕人聚集地虎撲雖然相對小眾，但也延伸出了對各種話題的討論。虎撲論壇除了賽事，還衍生出了關於運動的社群功能。

同時，隨著 YOLO 文化的興起，Z 世代更在意生活體驗。YOLO，即 You only live once，意為「你只活一次」，體現了一種注重體驗、注重自己決定自己生活的世界觀。在疫情之下，這一文化得到廣泛認同，更多的年輕人開始重新審視自己和自己的生活。元宇宙給人們提供的數位生活體驗，體現了人生的另一種維度，一種可重啟的、更自由的生活。在元宇宙中，人們可以身臨其境般地獲得各種新奇的體驗，可以憑藉自己的創作獲得更多的成就感。這些能夠極大地滿足 Z 世代的數位體驗需求。

作為元宇宙雛形的 Roblox 以其提供的多樣化數位體驗獲得了 Z 世代的青睞。2020 年 4 月，Roblox 的相關負責人在接受採訪時表示，在 16 歲

以下的美國青少年兒童中，超過一半的人是 Roblox 的玩家。他們習慣在虛擬世界中體驗各種遊戲，和朋友戲水滑冰，舉辦生日聚會等。

Roblox 對 Z 世代的吸引力遠不止如此，玩家還可在 Roblox 中自由創作遊戲，並以此獲得收入。美國一位 22 歲的遊戲設計專業學生，既是 Roblox 的玩家，也是其中的創作者，他在 Roblox 中研發了一系列遊戲，獲得了數十萬美元的收入。在一則影音中，他曾提道：「我做遊戲開發是因為喜歡，並且能夠獲得收入，這意味著我不用專門找一份工作。」

Roblox 大受 Z 世代歡迎，正是因為其滿足了 Z 世代的數位體驗需求。同時，我們從中也可以看到一種傾向——在元宇宙發展的過程中，Z 世代的生活和職業發展會發展巨大改變。他們可以在元宇宙中體驗豐富的數位生活，透過在元宇宙中的創作獲得收入。

未來，網路及線上平臺的發展將逐步把 Z 世代帶入更加廣闊、更具想像力的虛擬世界。

雖然當前元宇宙還未成型，但社會發展的趨勢已經逐漸清晰。

產業現狀：產業鏈逐步
形成，穩定發展

當前，世界各巨頭紛紛佈局元宇宙，在合作共建中逐漸形成了連通上游硬體技術、中游軟體平臺、下游內容應用的完整產業鏈。在各種硬體設備和軟體系統的支援下，元宇宙領域的相關應用逐漸展開，涉及遊戲、社群、教育等諸多領域。整體來看，元宇宙產業鏈將逐步完善，各鏈條間的邊界也將不斷模糊。

2.1 三股勢力成為元宇宙賽道的先鋒

隨著元宇宙概念的逐漸火熱，元宇宙領域聚集的企業越來越多。其中，科技巨頭、內容型公司、UGC 創作平臺等憑藉技術優勢、使用者優勢等成為元宇宙賽道的先鋒。

2.1.1 科技巨頭：以技術研發引領元宇宙發展

2021 年 10 月 28 日，Facebook 的 CEO 馬克‧祖克柏在發佈會中宣佈，將公司名稱變更為「Meta」（超越），而 Facebook 則會變成 Meta 公司的子公司。「Meta」一詞取自元宇宙「Metaverse」的首碼，彰顯了 Meta 佈局元宇宙的決心。

事實上，Meta 在元宇宙領域早有佈局，其憑藉技術優勢，已經成為元宇宙領域的「一級玩家」。Meta 曾斥鉅資收購生產高性能 VR 頭戴式顯示設備的虛擬實境公司 Oculus，並從 VR 設備方向發展，推出了 VR 頭戴式顯示設備 Oculus Quest 2，獲得了不錯的銷量。在此次發佈會上，祖克柏表示公司未來會持續聚焦元宇宙領域，並將在 2022 年上線 Oculus 高端 XR 頭顯 Project Cambria 和全功能 AR 眼鏡 Project Nazare。

Meta 對於元宇宙的看好並不是個例，作為元宇宙領域中的主要玩家，眾多科技巨頭紛紛發展元宇宙。對於這些巨頭而言，強勢的技術是其進軍元宇宙的籌碼。在國外，Meta 憑藉 VR 優勢佈局元宇宙；諸多科技巨頭也將發展的目光瞄向了元宇宙，百度就是其中的翹楚。

VR 是進入元宇宙的入口，也是建立元宇宙的承載者，而在 AI 的支持之下，元宇宙 VR 產業將衍生無限可能。憑藉先進的 AI，百度推出了以 AI 核心技術引擎為基礎「百度大腦」的 VR 2.0 產業化平臺。

VR 2.0 產業化平臺以百度智慧語言技術、知識圖譜技術、智慧視覺技術等組成 AI 能力矩陣，同時納入素材理解、內容生產、感測互動等技術中台，以提供開發者套件的形式進行開放。其中的 VR 內容平臺會進行素材收集、編輯管理、內容分發等，讓內容消費通路更加順暢，VR 互動平臺則聚合虛擬場景、虛擬化身、多人互動等，便於我們探索視覺化資訊在元宇宙中的更多可能。在應用方面，VR 2.0 產業化平臺能夠提供涉及教育、行銷、工業等諸多場景的 VR 解決方案。百度以 VR 2.0 產業化平臺向行業提供開源平臺和開放的技術，為元宇宙的形成和發展奠定基礎。

除了 Meta 和百度，華為、微軟、Google 等科技巨頭也紛紛在技術方面發展，逐鹿元宇宙領域。技術研發是元宇宙搭建的核心動力，而這些科技巨頭自然也成為元宇宙領域的先鋒。

2.1.2 內容型公司：發展元宇宙內容生產

技術是支撐元宇宙建立的基礎，而內容則是元宇宙向使用者展現價值的核心。在一些科技巨頭以技術探索元宇宙的同時，也有一些內容型公司以自身的內容優勢打造多樣的虛擬空間，不斷豐富元宇宙場景。這些內容型公司也是元宇宙領域的一級玩家。

一場超過 1200 萬人現場觀看的演唱會是什麼樣的？把這種在現實生活中不可能實現的事情和場景搬到虛擬世界，會創造怎樣的奇觀？2020 年 4 月，美國 Rap 歌手 Travis Scott 在遊戲《堡壘之夜》裡舉辦了一場天馬行空的沉浸式演唱會，吸引了超過 1200 萬名玩家現場觀看。

在演唱會開場時，Scott 化身巨人，像一顆流星從宇宙中落向舞臺，場面十分壯觀，如圖 2-1 所示。

圖 2-1　Scott 出場

接著，流星交錯、煙花綻放，在不斷變幻的絢麗場景中，演唱會正式開場。隨著演唱曲目的變化，場景也隨之變換，玩家在太空遨遊，或猛然沉入海底，如圖 2-2 所示。在動感的音樂中，場景也在同步變化，給玩家帶來了聽覺與視覺的雙重享受，使他們自然地沉浸在這個虛幻的場景中。最終，在演唱會接近尾聲時，隨著歌聲的飄散，空中飄浮的球體猛然爆炸，演唱會也在玩家的歡呼聲中落下帷幕。

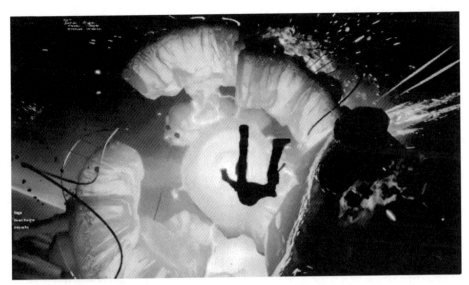

圖 2-2　玩家進入太空

這樣奇幻、瑰麗的演唱會在現實中很難實現，但 Epic Games 卻憑藉強大的虛幻引擎技術，將規模龐大的演唱會搬到了遊戲中。

Epic Games 是當前遊戲市場中的知名獨角獸公司，其以虛幻引擎作為打造虛擬世界的工具，以遊戲《堡壘之夜》作為展現虛擬世界的平臺，生產了豐富多樣的內容，並以此作為進入元宇宙的「船票」。

在運作《堡壘之夜》的過程中，Epic Games 一方面進行了高頻率、高水準的內容更新，另一方面不斷從多方面擴展遊戲的邊界，融入了虛擬演唱會、虛擬聚會等多種玩法，使遊戲能夠長期保持活力和吸引力，從內容方面穩步邁向元宇宙。

除了 Epic Games，中青寶、完美世界等諸多企業都在立足於自身遊戲業務的基礎上，加緊內容研發，融入元宇宙相關元素，致力於為玩家提供

更豐富的體驗。這些內容型公司往往擁有牢固的使用者基礎和強大的內容生產能力，同時其此前建立的虛擬世界也成為孕育元宇宙的溫床。在不斷升級技術、不斷創新內容體驗的過程中，這些公司將會產出更具創造性、更具沉浸感、更順暢地連通虛擬與現實的內容。因此，內容型公司也是元宇宙賽道中不可忽視的一股力量。

2.1.3 UGC 創作平臺：為個人 UGC 創作提供平臺

元宇宙最終會變為一個邊界不斷擴張、內容不斷豐富的虛擬世界，在這一過程中，創作者的創作是元宇宙不斷發展的核心力量。想要形成最終的元宇宙生態，需要更多人參與。UGC 創作平臺在為使用者提供虛擬體驗的同時，也為更多人參與元宇宙的建設提供了入口。基於這一重要意義，UGC 創作平臺成為元宇宙賽道中不可忽視的先行軍。

UGC 創作平臺不僅為使用者進入元宇宙提供了入口，也為創作者在虛擬世界進行創作提供了工具。Roblox 的火爆讓更多企業發現，在創作者的推動下，會有指數級增量的使用者參與到內容創作和虛擬社群的建設。

Roblox 擁有龐大的使用者族群和多樣化的內容。Roblox 的財報顯示，截至 2021 年第一季，其擁有超過 1800 萬種遊戲，且 DAU（Daily Active User，日活躍使用者數量）達到 4210 萬人。為什麼 Roblox 能夠吸引大量使用者？一方面，Roblox 允許使用者進行多樣化的內容創作。借助 Roblox Studio 的工具集，使用者可以在遊戲地圖、劇情、玩法等方面進行自由設計。另一方面，Roblox 中有完善的經濟系統，能夠讓使用者透過創作獲得收益。使用者可以出售自己設計的道具、遊戲等，也會因為優秀的創作而獲得 Roblox 的獎勵。

在意識到 UGC 創作平臺與元宇宙的契合性之後，越來越多的企業開始進入這一賽道。2021 年 3 月，沙盒遊戲平臺 MetaApp 獲得了 1 億美元的 C 輪融資，在融資圈引起令人注意的波浪。

MetaApp 的目標是在線上建立一個屬於全年齡使用者的虛擬世界，使用者可以在這個虛擬世界中體驗多樣的工作和生活方式，以及多種娛樂方式。MetaApp 同樣也是一個 UGC 創作平臺，使用者可以在平臺上傳自己創作的遊戲並獲得收益。在衡量使用者創作的遊戲時，MetaApp 並不看中遊戲流水，而是以內容作為首要評判標準，力求為使用者提供更優質的遊戲產品。

Roblox 和 MetaApp 的興起與火熱表明了一種趨勢：在建立元宇宙的過程中，UGC 創作平臺大有可為，而基於元宇宙的這種需求，未來將會產生更多的 UGC 創作平臺，更多的創作者將參與到元宇宙的建設中。

2.2 元宇宙產業鏈：多層產業鏈連接技術與應用

元宇宙火熱發展，吸引了越來越多的企業入局元宇宙。這些企業依靠自身優勢為建立元宇宙提供了零件、關鍵技術、系統平臺等多方面的支援，元宇宙產業鏈逐漸形成。整體來看，元宇宙的產業鏈可以分為硬體層、軟體層、服務層、內容和應用層。

2.2.1 硬體層：零件 + 互動裝置 + 輸出裝置 + 網路基礎設施

硬體層為元宇宙提供了物質載體，主要包括晶片、感測器、微投影元件等各種零件，顯示螢幕、攝影機、動作捕捉裝置等互動裝置，VR/AR 等輸出裝置，以及 5G 基站、物聯網、雲端伺服器等網路基礎設施。

硬體層聚焦大量的零件或硬體設備供應商。在零件方面，提供晶片的企業主要有高通、全志科技、三星、瑞芯微電子等；提供感測器的企業主要有三星、索尼、歌爾股份等；提供微投影元件的企業主要有德州儀器、3M、蘋果等。

互動裝置主要用於進行全身追蹤和全身感測，以實現使用者的沉浸式體驗。目前，每個細分領域都聚集著不同的企業，如提供顯示螢幕的三星、LG 等；提供攝影機的歌爾股份、諾基亞等；提供語言辨識支援的百度、科大訊飛等；提供動作捕捉裝置的 Dexmo、諾亦騰等。

在輸出裝置方面，VR/AR 裝置受到了很多企業的關注。這一領域是眾多企業佈局元宇宙硬體的主要戰場。在 2020 年之前，VR 頭戴式顯示器的累計出貨量在千萬台以下。而在 2021 年，隨著使用者數位體驗需求的增長和眾多企業在元宇宙領域的逐漸佈局，全球 VR 頭戴式顯示器的出貨量明顯增長。Trendforce 統計資料顯示，2021 年全球 AR/VR 頭戴式顯示器出貨量有望達到 1120 萬台，未來這一數字還將不斷增加，這一行業也將進入快速成長期。

在這一領域，Meta 推出的 Oculus 系列頭戴式顯示器銷量一路走高，在市場中佔據領先地位。HTC 推出的 HTC VIVE 系列設備、微軟推出的

Windows Mixed Reality 裝置等在市場中也佔有可觀的份量。此外，愛奇藝、NOLO、Pico 等企業也都推出了相應的 VR 頭戴式顯示器。整個細分領域競爭激烈，呈現多元化發展格局。

在網路基礎設施方面，中國移動、中國聯通、中國電信三大營運商，以及中興通訊、華為等都是聚焦 5G、物聯網技術以打造智慧型網路的主力軍。中國移動的財報顯示，2020 年新建 5G 基地臺約 34 萬個，累計開通基地臺 39 萬個。在 2021 年 11 月舉辦的中國移動全球合作夥伴大會上，中國移動總經理董昕表示，中國移動搭建的 5G 基地臺已超過 56 萬個。

整體來看，元宇宙概念的爆發為相關硬體市場的發展注入了活力，同時也促使更多的硬體廠商專注於元宇宙相關硬體的生產，促使更多的科技公司開始佈局硬體產業鏈。在眾多企業發展之下，硬體設備的成熟將推動元宇宙的形成，而元宇宙的形成也會帶動硬體設備的消費。

2.2.2 軟體層：支撐軟體 + 軟體發展套件

軟體層主要包括支撐軟體和軟體發展套件。支撐軟體主要有 Android、Windows 等作業系統，以及 VRWorks、Conduit 等中介軟體。目前，Android、Windows 等作業系統都在逐步相容更多的 VR 軟硬體，以支持消費級應用。

軟體發展套件包括各種遊戲軟體發展套件和 3D 引擎。遊戲軟體發展套件為開發者提供平面設計、建模、動畫設計、互動設計等方面的工具。3D 引擎則能夠對資料進行演算法驅動，在虛擬世界中呈現出現實世界的各種關係。

軟體層是元宇宙的驅動引擎，同時元宇宙需要依靠建立 3D 世界的引擎而建構。當前，元宇宙的軟體層聚集著眾多 3D 引擎，如 Unreal Engine（虛幻引擎）、Frostbite Engine（寒霜引擎）、Creation、Unity 3D 等。

2021 年 5 月，3D 引擎領域的翹楚 Epic Games 公布了更新後的 Unreal Engine 5，展現了更強大的即時渲染能力。該引擎可以讓遊戲的即時渲染畫面媲美現實世界，如圖 2-3 所示。

圖 2-3 Unreal Engine 5 場景演示

和 Unreal Engine 4 相比，Unreal Engine 5 引入了新的渲染技術和動態全域光照技術。其中，新的渲染技術可以讓遊戲畫面擁有堪比影視作品的高精度模型。Unreal Engine 5 可直接導入高精度、複雜的素材，供開發者使用。

動態全域光照技術可以類比光線在場景中反射的效果，使模擬出的場景效果更為逼真。同時，該技術能夠對光線進行即時模擬，這意味著當玩家在遊戲中關門、開窗時，遊戲能夠展現逼真的光線即時變化效果。

愈來愈多企業也紛紛加入 VR/AR 軟體發展的隊伍。華為憑藉先進的 5G 技術和在 VR/AR 領域的深耕，發佈了 VR/AR Engine 3.0 雙引擎，積極打造虛擬實境生態。

其中，VR Engine 3.0 實現了 6DOF 交互，除了能夠檢測頭部轉動的視野變化，還能夠檢測身體移動帶來的位移變化。同時，VR Engine 3.0 也支援 PC VR 無線化和第三方互動設備。AR Engine 3.0 在空間演算法上達到了釐米級精度，具有環境語意理解、環境光照類比、物體跟蹤，唇語辨識、手部關節辨識等功能。

整體來看，系統平臺市場的競爭格局已經基本固定，但在 VR/AR 軟體研發方面仍有很大的發展空間。當前，網易推出了 Messiah 引擎，搜狐暢遊自主研發出了「黑火」引擎，未來，隨著元宇宙的逐步發展，將有更多的企業佈局元宇宙產業鏈條。

2.2.3 服務層：VR 內容分發 +VR 內容運作

元宇宙產業鏈的服務層涉及 VR 內容分發和 VR 內容運作，這一層聚集著大量的 VR 內容分發平臺。這些平臺透過聚攏 VR 內容資源吸引使用者，以獲得收入。很多 VR 內容分發平臺都透過內容分發業務獲得成長、累積資本，然後去打造原創 VR 內容並進行內容運作。因此，很多 VR 內容分發平臺都兼顧內容分發與內容運作。同時，HTC VIVE、Oculus 等主流 PC VR 頭戴式顯示器也有自己的 VR 內容分發平臺。

Oculus 推出了具有影音、社群等功能的 VR 內容分發平臺 Oculus Home。使用者可以在平臺上觀看 Netflix 影片，欣賞轉播電視 Twitch、Vimeo 等內容，同時可以連接 Facebook 和 Oculus 帳號，根據自己的關注清單獲得個性化的 VR 內容推薦。同時，使用者可以在 Oculus Home 中邀請其他使用者在虛擬環境中見面並體驗虛擬遊戲。

此外，可創造性是元宇宙的重要屬性，欲形成更加成熟的元宇宙生態，需要讓更多的創作者參與。對於該方面，很多 VR 內容分發平臺除了提供多樣的 VR 內容，還提供豐富的開發工具。

愷英網路和大朋 VR 聯手推出了 VR 綜合性平臺 VRonline，其功能更加多樣。一方面，VRonline 具有大量內容線上分發的功能。VRonline 中提供了多樣的遊戲產品，其能夠自動化處理遊戲的安裝和更新，同時支援使用者對本機 VR 遊戲進行管理。除了遊戲內容，VRonline 還提供了 VR 影音、VR 圖片、VR 直播等多種內容。使用者除了體驗這些內容，還可以上傳影音或發起直播，透過 VRonline 的 VR 播放機進行播放或直播。

另一方面，VRonline 也是一個功能強大的開放平臺，從多方面支援創作者的內容創作。首先，VRonline 支持創作者建立並管理帳號，其有完善的內容發佈工具和內容發行系統，保證了內容的產出和分發。其次，VRonline 為創作者提供了完整的開發者工具和文檔知識庫，包含硬體適配、3D 遊戲 VR 化、伺服器及網路支援、雲端儲存及反盜版等功能，降低了創作者的研發成本。最後，VRonline 提供了資料管理及分析功能，能夠顯示存取量、使用者來源，並包含銷售管理分析、使用者留存、使用者屬性、評價系統等，便於創作者更好地掌握使用者需求和回饋，創作者可以據此進行內容優化和調整。

在元宇宙時代下，很多硬體廠商、軟體廠商及已有的內容平臺等，都在向 VR 內容平臺發展和進化。三星、索尼、Pico、小派科技等，在研發 VR 設備的同時也在建立自己的內容平臺。這些企業的入局將不斷豐富服務層的產業生態。

2.2.4 內容和應用層：多行業應用＋多種內容表現形式

元宇宙的內容和應用層是前景十分廣闊的產業鏈環節，可分為 TO B 、TO C 兩類。TO B 主要面向教育、醫療、工程等領域，主要參與者有 InContext、NearPod、IrisVR。TO C 主要面向影音、直播、遊戲等領域，主要參與者有 Meta、NextVR、CCP Games。

當前，元宇宙的內容和應用市場潛力無窮。艾瑞諮詢資料顯示，2021年，VR 內容市場規模預計為 278.9 億元，消費級內容和企業級內容市場份額為 46.4%，是 VR 市場中最重要的細分市場之一。

整體來看，VR 內容將以多種表現形式應用到 TO B 、TO C 相關的更多行業中。事實上，目前很多公司已經在這方面做出了嘗試。

在 TO B 方面，HTC VIVE 推出了服務於大型會議等活動的虛擬實境解決方案 VIVE Events，幫助企業更有效地節省成本、提高工作效率。VIVE Events 能夠讓參與者以虛擬形象面對面交流，同時能夠在虛擬空間中實現多樣的交互功能，保證參與者的體驗感。同時，VIVE Events 能根據企業需求，進行場景、主題、相容人數等方面的定制，突破線下活動的諸多限制。

在 TO C 方面，VR 直播成為當下的潮流。在 2021 年北京市青少年短道速滑錦標賽中，為了滿足不同人群更多樣化的觀賽需求，主辦方對該比賽進行了一次 5G VR 全景直播，為無法親臨現場的觀眾帶來了全景沉浸式觀賽體驗。

在此次錦標賽賽場上，運動員們風馳電掣般在冰上盤旋、舞蹈，而觀眾透過 5G VR 直播，借助 VR 眼鏡跟隨著運動員們的運動方向、節奏滑動螢幕，自由放大或縮小，身臨其境般地觀看了沉浸式短道速滑比賽。全景相機可在機內完成採集、拼接、轉檔、推送，簡化 8K VR 全景直播流程。全景直播增強了觀賽的互動性、沉浸性，大大提升了觀眾的觀看體驗。

未來，VR/AR 相關應用將會在更多企業、更多行業的實踐中湧現，幫助智慧醫療、智慧教育、工業互聯網等的發展。同時，社群、遊戲、教育等更多領域將會催生元宇宙雛形。

2.3　發展路徑：切入點不同但殊途同歸

無論以硬體、軟體、服務還是應用發展元宇宙，元宇宙產業的參與者往往都擁有相同的動作，即研發相關產品、推進元宇宙專案、建立元宇宙生態。最終，元宇宙不同產業鏈的企業將形成更密切的合作關係，形成共同發展的新生態。

2.3.1 研發相關產品：在 **VR/AR** 方面進行產品佈局

在元宇宙概念火熱之際，眾多 VR/AR 企業紛紛漲停，VR/AR 行業迎來了發展的東風，而 VR/AR 確實作為元宇宙的技術入口獲得了新的發展機會。VR/AR 產品作為建立元宇宙生態的基石，是企業佈局元宇宙的關鍵。

2021 年 8 月底，字節跳動以 90 億元的價格收購了 VR 創業公司 Pico。此前，字節跳動已在 VR/AR 領域進行了長期深耕，本次收購後，字節跳動將 Pico 併入公司 VR 業務，並將整合公司資源與技術，加大對於 VR 產品的研發投入。

Pico 的價值在哪裡？為什麼字節跳動願意花重金將其收購？在 VR 行業中，能夠獨立研發、生產 VR 產品的企業屈指可數，而 Pico 正是其中之一。IDC 發佈的《2020 年第四季大陸 AR/VR 市場追蹤報告》顯示，2020 年，Pico 位居 VR 一體機市場佔有率排行榜的榜首，其第四季的佔有率甚至高達 57.8%。

Pico 研發的產品主要有 VR 一體機、VR 眼鏡，以及各種追蹤套件等。2021 年 5 月，Pico 發表了 VR 一體機 Pico Neo3（如圖 2-4 所示），開售 24 小時銷售額就突破了千萬元。

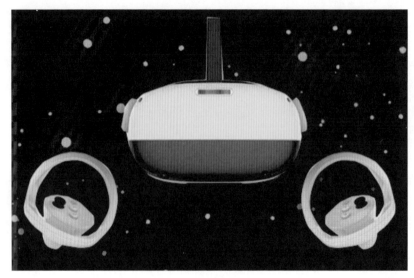

圖 2-4　Pico Neo3

資本方也十分看好 Pico。截至 2021 年 3 月，Pico 已完成 5 輪融資，其中 A 輪、B 輪和 B+ 輪融資金額分別為 1.68 億元、1.93 億元和 2.42 億元。

基於 Pico 在 VR 產品方面的優勢和未來良好的發展前景，字節跳動以重金收購 Pico 發展元宇宙，為元宇宙生態的鋪路蓄力。除了字節跳動，Meta、Google、索尼、大朋 VR、愛奇藝等企業紛紛在 VR/AR 產品方面發展，推出了各自的 VR 一體機、VR 眼鏡等。

無論自主研發 VR/AR 產品，還是透過收購 VR/AR 生產廠商進行產品研發，這些企業都在推動 VR/AR 市場的快速發展。IDC《2021 年第二季擴增實境與虛擬實境市場追蹤報告》顯示，2021 年全球市場 VR 頭戴式顯示器預計出貨 837 萬台，其中市場預計出貨 143 萬台。同時，預計未來五年，市場 VR/AR 產品的出貨量將大幅增加。

2.3.2 推進元宇宙專案：實施具體方案推進元宇宙發展

在行動網際網路興起時，眾多行動式應用紛紛出現，證明了其實現的可能性。而在元宇宙不斷發展的過程中，也有越來越多的企業開始推動元宇宙相關專案，透過專案的落實應用為接下來的發展鋪路。這主要體現在遊戲、體育等場景中。

在遊戲領域，紅杉資本、真格基金等知名投資機構都在透過投資進行佈局，紅杉資本甚至宣佈將在 2021 年內完成對 50 家元宇宙遊戲公司的投資。而一些正在積極佈局元宇宙的參與者，在遊戲方面的行動更為積極。

例如，中國移動旗下的咪咕投入了大量資源打造「5G+ 雲遊戲」，在遊戲雲算力網路服務能力方面佈局，推進雲端網路融合、實現終端雲原生遊戲共用。同時，咪咕依靠雲端原生遊戲技術，推出了數智競技大廳，匯集了多種競技遊戲，以收集龐大的使用者族群，建立起「數智競技元宇宙」。

此外，「體育元宇宙」也是一個發展十分迅速的領域，無論在虛擬世界體驗爬山、滑雪，還是將現實世界中的體育賽事以高度沉浸感、互動感的方式展現給觀眾，都體現了元宇宙在體育領域的巨大發展潛力。

在這方面，咪咕與亞洲足球聯合大會攜手，運用 5G、4K/8K、VR、AI 等技術，將為 2023 年亞足聯亞洲盃足球賽打造可以即時互動、提供高度沉浸體驗的「5G 雲賽場」。此外，咪咕還積極探索體育數智達人，推出了以冰雪運動員谷愛凌為原型的 Meet GU 數智達人，如圖 2-5 所示。

圖 2-5　Meet GU 數智達人

Meet GU 數智達人不僅擁有酷似真人的形象，還可以和觀眾進行沉浸式互動。同時，Meet GU 數智達人還將走進咪咕冬奧賽事攝影棚，進行滑雪賽事解說、相關賽事播報及虛實互動等，讓觀眾與谷愛凌相遇在虛擬的冰雪世界中。

未來，咪咕將推出和 UFC（Ultimate Fighting Championship，終極格鬥錦標賽）及 NBA（National Basketball Association，美國職業籃球聯賽）聯合打造的格鬥數智達人和籃球數智達人。當這些數智達人廣泛出現在賽事解說、賽事播報和虛實互動等場景時，人們對於元宇宙的認知將會更加清晰。

咪咕在遊戲與體育方面推動元宇宙專案並不是市場中的個案，越來越多的企業開始著手於推動遊戲、社群、體育等多方面的元宇宙專案。在不斷探索元宇宙專案的過程中，越來越多的關於元宇宙的想像將變成現實，最終推動元宇宙的發展。

2.3.3 建立元宇宙生態：透過投資收購打造生態體系

元宇宙的落實涉及硬體、軟體、產品等多個環節，單獨的一個企業很難將這些環節全部做好。在這種情況下，很多企業紛紛透過收購、尋求合作等方式打造生態體系，共同推動元宇宙的建設。

當前，很多網際網路業巨頭為了推動更龐大的元宇宙專案，都在積極拉攏生態夥伴。Meta、騰訊等收購企業的腳步仍在繼續，字節跳動也加快了收購的腳步，積極完善自身生態體系。

2021 年 10 月，字節跳動投資了晶片公司光舟半導體。光舟半導體在繞射光學、半導體微納加工技術等方面極具優勢，其推出了自研 AR 顯示光晶片及模組，同時還推出了半導體 AR 眼鏡硬體產品。

此前，字節跳動已經收購了 VR 行業龍頭廠商 Pico，而此次字節跳動投資光舟半導體，體現了其對於元宇宙領域佈局的持續性。

字節跳動正在透過不斷收購和內部研發建立自己的元宇宙生態體系，可以說，字節跳動在元宇宙領域的佈局漸成規模。對光舟半導體的投資和收購 Pico，體現了字節跳動在元宇宙硬體環節的佈局。同時 2021 年 4 月，字節跳動投資了元宇宙概念公司代碼乾坤。代碼乾坤作為知名的手

遊開發商，推出了創造和社交 UGC 平臺「重啟世界」。這些舉動都體現了字節跳動在元宇宙內容方面的佈局。此外，在內容方面，字節跳動已在虛實整合、虛擬互動等方面進行了長期的研發和實踐，旗下的抖音已經上線 VR 社交、AR 互動等功能。

依靠硬體和內容方面的多方投資、收購，字節跳動融入了更多的元宇宙基因。未來，字節跳動將整合多方資源和技術能力，建立自己的元宇宙生態，並逐步擴大在元宇宙領域的投資力度，持續進行深入研發。

Chapter

03

BAND：建立元宇宙的 四大技術支柱

元宇宙的建立離不開底層技術的支撐。整體來看，區塊鏈（Blockchain）、遊戲（Game）、算力網路（Network）和展示方式（Display）是構成元宇宙的四大關鍵技術。區塊鏈提供去中心化的系統和平臺，遊戲提供虛擬場景和內容，算力網路保障巨量資料的穩定傳輸，展示方式連接現實世界與元宇宙。以上技術的融合應用將建立起元宇宙的基礎底座。

3.1 區塊鏈：元宇宙的「補天石」

區塊鏈提供去中心化的交易平臺和經濟系統，為元宇宙內的價值歸屬和轉移提供了保障，幫助元宇宙形成穩定、高效的經濟系統。在區塊鏈的支持下，去中心化的虛擬資產能夠在虛擬世界自由流通，變得更加「真實」。

3.1.1 區塊鏈的四大核心技術

區塊鏈之所以能夠為元宇宙提供強大的安全保障，是因為其具有四大核心技術，如圖 3-1 所示。

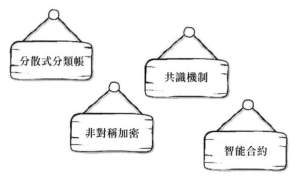

圖 3-1　區塊鏈的四大核心技術

1. 分散式分類帳

分散式分類帳是一種資料儲存技術，是一種去中心化的資料記錄方式。分散式分類帳本質上是一種資料庫，所有參與者可以得到一個真實共用

分類帳的副本，而且這個副本具有唯一性，受共識機制的制約。其最大特點就是可以在不同的參與者之間進行分享、複製和同步，整個過程沒有第三方的參與。

由於分散式分類帳的每一個記錄都對應著一個時間和一個密碼簽名，所以這種分類帳記錄的交易都可追溯和審計。如果要改動分散式分類帳中的資料，則需要得到所有參與者的確認，而且分類帳中任何一處改動都會在其他副本中展示出來。

2. 非對稱加密

區塊鏈上的資料雖然是高度透明的，但是關於使用者的資訊卻是高度加密的，只有得到使用者的授權，才能得到使用者的資訊，這樣的非對稱加密保證了使用者的安全和隱私。非對稱加密包含兩種金鑰，一種是公開金鑰，另一種是私有金鑰。

公開金鑰是公開的，所有人都能得到，但是私有金鑰卻是由使用者一個人來保管的，不會公開，除了使用者本人，其他人無法從公開金鑰推算出私有金鑰。另外，在用公開金鑰對其中一個私有金鑰進行加密後，只能用相對應的另一個私有金鑰才能解密。

在匿名交易方面，非對稱加密也可以發揮作用。在交易時，需要將區塊鏈位址作為輸出位址或輸入位址，而區塊鏈位址來自非對稱加密演算法，具有很大的空間，這就意味著位址之間出現重複的機率非常低。這種低重複率使得每個使用者都可以在交易中生成不同的區塊鏈位址，增加交易的匿名性。

3. 共識機制

共識機制的主要作用是決定區塊鏈節點的記帳權力，可以有效保證區塊鏈上所有節點之間相互信任。一般來說，區塊鏈是依據時間順序儲存資料的，可以支援多種共識機制。共識機制可以讓區塊鏈上所有節點都儲存相同的資料。

4. 智能合約

智能合約是一種可信的數位化協定，能夠保證合約的高效性和可靠性。在交易中，雙方在訂立智能合約時編入相關的交易規則，智能合約便可以實現自動執行。同時，交易的流程、任務、支付等都會留下數位記錄和簽名，可以被辨識、驗證、儲存和共用。智能合約可以解決交易中的信任問題，保證交易的安全性和高效性。

依靠以上四種技術，區塊鏈形成了去中心化、可追溯、公開透明等特點，其能夠成為元宇宙中交易和經濟系統運作的技術基礎。區塊鏈能夠在很大程度上保證交易的安全性，這能夠為元宇宙中的交易提供安全保障。當兩個人在虛擬世界中進行線上交易時，交易雙方的隱私資訊不會因為交易而暴露。同時，在智能合約的約束下，一旦達成可交易的條件，交易便會被自動執行，避免了交易中有任何一方毀約的風險。

在區塊鏈技術的支援下，無論人們在元宇宙中進行個人交易，還是企業在元宇宙中進行專案投資，都能夠在安全、穩定的系統中進行。有了區塊鏈技術的安全保障，在元宇宙中才能夠逐漸建立起穩定的經濟體系。

3.1.2 實現去中心化的資產記錄和流轉，保障資產安全

區塊鏈技術為元宇宙提供了價值傳遞的解決方案。從比特幣到乙太坊，再到 DeFi（Decentralized Finance，去中心化金融）和 NFT（Non-Fungible Token，非同質化代幣），區塊鏈技術展示了其作為去中心化清結算平臺的高效性。

從元宇宙的發展來説，其迫切需要經濟規則。在傳統的中心化遊戲規則中，經濟系統並不是透明的，「課金」玩家往往比非課金玩家獲得的快感更多，也被遊戲中的通貨膨脹所「收割」。區塊鏈技術的出現使得虛擬資產可以以去中心化的形式記錄和流轉，保證交易的公平公正和透明，而 DeFi 的出現將現實世界的金融活動映射到了虛擬世界。

區塊鏈技術的應用代表比特幣實現了去中心化的資產記錄和流轉。在比特幣網路中，各參與者維護同一個區塊鏈分類帳，透過「挖礦」即計算亂數的方式確定記帳權，從而實現分類帳的去中心化。同時，「挖礦」的激勵機制促使各參與者積極提供算力並維護交易網路，保證系統的安全性。對於比特幣的持幣者而言，比特幣充當一般等價物，他們可以透過比特幣進行交易，而這種交易並不依賴任何中心化的帳戶體系。

比特幣的運作表示去中心化的價值流轉是可以實現的。乙太坊借鑒了比特幣的這種模式並進行了升級，智能合約便誕生了。它將區塊鏈從單純的去中心化分類帳升級成了去中心化平臺，以支援更複雜的交易程式。

當前，由於智能合約的 DApp（Decentralized Application，去中心化應用）不斷發展，集中於金融、遊戲、社群等領域，使用者量和資產量都

在不斷增長。DApp 透過智能合約實現了交易邏輯的去中心化執行，從而解決了線上交易的信任問題。

DeFi 是當下最為火紅的 DApp 之一，其透過智能合約提供一系列去中心化的金融應用。使用者可以透過 DeFi 進行虛擬資產的交易，對虛擬資產進行風險、時間維度上的重新配置。DeFi 上的應用功能涉及交易所、衍生品、基金管理、支付、保險等多個方面；同時，其透過將交易契約程式化，在區塊鏈上形成了一套完整的金融系統。

和傳統金融相比，DeFi 有哪些不同？主要表現在以下兩個方面，如表 3-1 所示。

表 3-1 傳統金融與 DeFi 的不同

	傳統金融	DeFi
支付和清算系統	跨國匯款需要各國銀行間的合作，從審核到入帳需要幾個工作日，並涉及高昂的手續費	數位代幣轉帳可在 15 秒到 5 分鐘內完成，支付的手續費相對較少
中心化和透明度	資金集中在金融機構手中，金融機構存在倒閉的風險，並且使用者難以了解其具體運作情況	建立在公有鏈上的 DeFi 協定是開源的，公開透明且便於審計

DeFi 對於元宇宙的建立具有重要意義，高效可靠的金融系統是元宇宙形成穩定的經濟系統的基礎。使用者可自行處理鏈上的資產，展開各種金融活動，同時使用者的操作不受地理、資產、信任因素等的限制。DeFi 和 NFT 能夠拓展元宇宙中的內容、身份證明、金融交易等，能夠催生一個容納多樣化資產、允許更複雜交易的透明自主的金融體系。

3.1.3 去中心化平臺避免壟斷，推動元宇宙健康發展

當前，很多企業都在推進元宇宙專案，打造元宇宙產品，力求孕育出元宇宙的一個雛形。然而，這些企業的資源和元宇宙生態都是封閉的，本質上並不能形成真正的元宇宙。成熟的元宇宙體系不會被某一家企業所壟斷，也不會因為某一家企業的破產而消失，而是去中心化的、開放的。

中心化平臺可能會透過規則的非對稱優勢損害使用者的利益，讓總體利潤向平臺方傾斜。元宇宙是承載人們虛擬活動的龐大生態，在流量方面具備壟斷優勢。以中心化平臺為主導的元宇宙商業模式則會導致大規模壟斷，不利於元宇宙的長期發展。

區塊鏈的出現帶來了一種去中心化的模式，使用者個人資料、資產資料等可以不記錄在內容平臺上，而是加密記錄在區塊鏈平臺中。在這種模式下，內容平臺無法壟斷使用者資料，只能單純地提供平臺服務。同時，借助智能合約，平臺可以實現去中心化運作，解決某些場景中的信任問題。

在元宇宙建立的過程中，去中心化模式更符合元宇宙長期發展的要求。在這種趨勢下，出現了很多去中心化平臺，它們以內容提供者的身份佈局元宇宙。

PlanckX 就是一個去中心化的遊戲平臺，其搭建了一個太空主題的虛擬世界。PlanckX 中存在多個以 CUBE（立方體）的形式存在的三維空間，每個 CUBE 中都有一個獨立的虛擬世界，玩家可以自由訪問各個CUBE。

PlanckX 的一大特點是打破了傳統遊戲分發平臺的壟斷，解決了傳統遊戲分發平臺分發成本高昂、遊戲資產所有權不明確等問題。PlanckX 允許創作者在平臺中開發遊戲並以此獲得收益，同時以區塊鏈技術保證使用者資產的安全。此外，PlanckX 為玩家提供了豐富的遊戲體驗，並以 NFT 作為玩家在遊戲中的獎勵。依託強大的區塊鏈經濟體系，PlanckX 建立起了一個創作者和玩家可以自由連接的虛擬世界。

在 PlanckX 中，CUBE 是遊戲的入口，是 NFT，也是建立 PlanckX 元宇宙的起點。在 PlanckX 的虛擬世界裡，創作者和玩家是其中的兩個重要角色。

創作者是 PlanckX 的內容生產者，透過購買平臺發行的 CUBE 將遊戲發佈到 PlanckX 中。創作者不必與平臺分享收益，便可以享受平臺流量的紅利。創作者可以透過 CUBE 質押挖礦獲得獎勵，也可以透過發佈 NFT 遊戲獲得收益。玩家是 PlanckX 的內容消費者，除了能夠獲得多樣的遊戲體驗，還能夠透過 PlanckX 的獎勵機制達到邊玩邊賺「錢」。同時，創作者和玩家可實現自由交易，實現遊戲 NFT 所有權的轉移。

相對於傳統的中心化平臺，PlanckX 這種去中心化的平臺更能激發創作者的創作熱情，更能啟動虛擬世界裡的經濟活動，從而拓展虛擬世界的邊界，促進元宇宙的形成和發展。

3.2 遊戲：為元宇宙提供互動內容

想要讓更多的人沉浸於虛擬世界，就必須提高虛擬世界的吸引力，以遊戲產生多樣的互動內容就變得十分重要。遊戲為元宇宙的形成提供了空間和內容基礎，同時，遊戲與現實世界的連結不斷加強，更多人看到了發展元宇宙的可能性。

3.2.1 雲遊戲是元宇宙的雛形

從產品形態上來看，雲遊戲是十分接近元宇宙的一種遊戲形態，也是遊戲向元宇宙躍遷的重要基石。雲遊戲需要不斷擴展的特點也和元宇宙十分相似，具備「雲端＋擴展性」特點的雲遊戲，正在逐步向元宇宙邁進。星游紀 CEO 陳樂曾提到，元宇宙就是以雲遊戲為基礎產生的更大世界。

為什麼說雲遊戲是建立元宇宙的必經之路？

當前的遊戲在內容和數量上都有了很好的發展。例如，開放世界遊戲《薩爾達傳說：曠野之息》（見圖 3-2）為玩家提供了強烈的探索感受和自由程度。在這個虛擬世界中，只要是玩家目光能夠到達的地方，玩家都可以自由探索。

圖 3-2 《薩爾達傳說：曠野之息》

在遊戲中，玩家能夠看到的每一個場景、每一個角落，都是遊戲設計師精心設計的，玩家可以在探索這個虛擬世界的過程中不斷獲得驚喜。同時，玩家在遊戲中不僅能探索世界和戰鬥，還能夠耕作、做飯、擺攤等，能夠自由地和其他玩家互動。

可想而知，《薩爾達傳說：曠野之息》的運作需要強大計算能力的支撐。然而，元宇宙的內容遠比開放世界豐富，所需要的計算量更是難以想像的。這樣龐大的計算量如果全部在本機執行，那麼將會為使用者端的硬體帶來極大的負擔。此外，元宇宙的內容量是不斷增加的，使用者端的硬體難以滿足其不斷增加的執行需求。

因此，遊戲雲端化就成了必然的發展趨勢，而雲遊戲也成了孕育元宇宙的溫床。雲遊戲能把元宇宙內容運作和渲染的過程轉移至雲端，同時將

渲染完成後的畫面壓縮、傳輸給使用者，在很大程度上寬鬆了使用者的設備限制。元宇宙是一個規模龐大並且不斷擴展的生態，只有將其執行和計算雲端化，寬鬆使用者的設備限制，才能讓更多的人體驗元宇宙，參與到元宇宙的建立。

雲遊戲和元宇宙的密切關係顯示出了一條清晰建立元宇宙的路線：企業可以先以完善的雲遊戲內容吸引更多的玩家，在此基礎上建起完善的使用者生態，最後為使用者創作提供途徑並吸引使用者參與內容創作，一步步為元宇宙添磚加瓦。

3.2.2 遊戲引擎是元宇宙的技術基底

元宇宙並不是遊戲，但遊戲卻是具有元宇宙特徵的產品，並且遊戲引擎是元宇宙創造虛擬世界的重要技術之一。無論實現遊戲、社群還是更多場景的虛擬化，都需要實現大量資料的傳輸和即時 3D 的互動，從這一角度來說，遊戲引擎是建立虛擬世界的技術基礎。

在這方面，全球知名遊戲引擎 Unity 有望成為建立元宇宙的重要力量。為什麼這麼說？

Unity 的應用範圍十分廣泛，在全球排名前 1000 名的遊戲中，超過 70% 的遊戲都是使用 Unity 引擎創作的。Unity 引擎備受青睞，《原神》、《江南百景圖》、《英雄聯盟手遊》等都是使用 Unity 引擎開發的。Unity 官方資料顯示，截至 2020 年年底，全球有 150 萬名月活躍使用者在使用 Unity 引擎進行內容創作，Unity 業務所連接的全球平均月活躍玩家數量達到了 28 億人，這些資料充分說明了 Unity 在遊戲領域的領先地位。

同時，Unity 的引擎技術不止應用在遊戲領域，視覺化建築設計、自動駕駛汽車模擬、影視動畫等都使用 Unity 引擎。其合作夥伴有迪士尼、Volvo、中國聯通等。

Unity 的核心技術就是即時 3D 技術。在這種技術的支援下，即時 3D 畫面能夠實現高頻率的即時刷新，帶給人們更強的沉浸感受和更好的即時互動體驗。

隨著技術的更新，當前很多 2D 內容會向即時 3D 內容轉變。人們期待高度沉浸感受的互動式 3D 體驗，這也是元宇宙形成的基礎。在元宇宙不斷發展的未來，傳統的創作工具將不再適用，而 Unity 這樣的即時 3D 引擎將成為建立元宇宙的重要技術。

Unity 可以為創作者提供強大的即時 3D 內容創作工具。借助 Unity，創作者可以快速建立一個極具有真實感的虛擬世界，製作逼真的森林、變化的太陽光線等，設計出媲美現實世界的逼真場景。由此可以看出，Unity 不僅是一個遊戲引擎，還能提供從創作到營運的一站式服務，強化創作者創造元宇宙生態。

3.2.3 社群場景功能被逐步發掘，遊戲更具社群屬性

元宇宙作為一個完整的生態體系，能夠反應現實世界中的各種關係，當前越來越多的遊戲開始打造玩家之間的社群關係，打造多樣的社群場景，一步步向元宇宙靠攏。

目前，市場中已經出現的「遊戲＋演唱會」「遊戲＋畢業典禮」「遊戲＋會議」等內容，都反應了遊戲在社群場景的承載能力和打造社群場景方面的優勢。

2020 年 10 月，網易在遊戲《逆水寒》中召開了一次人工智慧大會，將線下的人物和社群活動搬到了虛擬世界。參與者進入遊戲之後，會得到一個虛擬化身，並可以自由選擇北宋風格的服飾、髮型、裝飾等，如圖 3-3 所示。

圖 3-3　參與者的服裝

在這個虛擬場景中，參與者能夠透過虛擬化身和其他人進行互動，在古色古香的虛擬世界中召開會議。參會者在休息時間還可以觀看虛擬舞蹈表演，如圖 3-4 所示。

圖 3-4 虛擬舞蹈表演

《逆水寒》為參與者提供了一場別開生面的「穿越」之旅。參與者能夠化身北宋的各種人物形象，「穿越」到北宋風格的場景中，與他人互動，體驗沉浸式的會議。

遊戲社群場景功能的提升顯示了其更強的元宇宙基因。在已有虛擬空間的基礎上，我們可以靈活地將會議、演唱會等各種社群場景搬到遊戲中，逐步還原現實中的社群關係，為人們提供更加豐富的內容和體驗。

3.3 算力網路：保證資訊傳輸和計算能力

算力網路為元宇宙提供了資訊傳輸與計算能力，5G、雲端運算、AIoT
等為元宇宙產品創新打下了堅實基礎。伴隨著通訊速率和算力網路的持
續升級，更多的線下場景將搬上雲端，為元宇宙的形成建立了網路層面
的基礎。

3.3.1 5G 發展，網路更加優質高效

2021 年是 5G 快速發展的一年，中國工信部資料顯示，截至 2020 年年
底，5G 基地台超過了 70 萬個，2021 年計畫新建 5G 基站 60 萬個。很多
人都會好奇，5G 將怎樣改變我們的生活呢？

5G 將會對 4G 通訊場景帶來顛覆性變革，相比 4G，5G 在傳送速率、延
遲方面都會大幅飛躍。具體來說，5G 具有高速度、高頻寬、低延遲三
個特徵。

（1）高速度：高速度是 5G 最直觀的表現。4G 的傳送速率最快能達到
100 Mbp/s，而 5G 的傳送速率則能夠達到 10 Gb/s，理論上，5G 的
傳送速率比 4G 快得多。

（2）高寬頻：高寬頻是相對於此前寬頻頻度較低而言的。在 4G 中，太
多裝置連接或承載大型遊戲，就可能出現卡頓的問題。然而，5G
的高寬頻支援接受更多的裝置和超大型遊戲的執行，能夠為使用者
提供更流暢的網路體驗。

（3）低延遲：在資料傳輸的過程中，4G 有約 20 ms 的延遲，阻礙了裝置實現完全智慧化。5G 將延遲壓縮至 1 ms，低延遲的 5G 能夠大大提高智慧型裝置的反應速度，提高執行效率。

5G 意味著更快速度、更大承載能力、更低延遲的優質、穩定網路，8K 影音、雲遊戲、VR 應用等都能夠在 5G 的支援之下更好發展。

5G 的發展能夠推動元宇宙的建立並為使用者提供更優質的元宇宙體驗。當前，人們能夠借助 VR 設備進入虛擬空間進行遊戲、社群等，但往往會遇到遊戲卡頓、眩暈等問題，而 5G 的應用能夠在很大程度上提升網路品質，解決以上問題。

同時，當前人們可以在虛擬世界中參加動感的演唱會、看到繽紛的景色，卻無法獲得逼真的觸覺感受。隨著 5G 的落實與應用，更多的智慧型裝置將被研發出來，借助這些裝置，人們能夠在虛擬世界中擁有真實的觸覺體驗。

5G 能夠為打造具有真實的觸覺提供網路支援。在觸覺網路中，人們能夠自由地對虛擬目標進行控制，如倒一杯水、在虛擬世界中踢足球等。想要實現這些功能，需要將大量的感官資料上傳到智慧型穿戴裝置中，從而類比出真實的觸覺感受。5G 能夠保證巨量資料的高速傳輸，形成更真實的觸覺體驗。

總之，無論在元宇宙的建立方面，還是在提升元宇宙的體驗方面，都離不開 5G 的支持。

3.3.2 5G+ 雲端運算，引爆元宇宙算力

雲端運算是元宇宙的算力基礎，是雲端儲存、雲渲染等能力的重要支撐。當前，很多大型遊戲都是以「使用者端＋伺服器」為基礎的模式執行的，對使用者端設備的性能、伺服器的承載能力等有較高要求，如 3D 圖形渲染高度依賴終端運算。想要降低使用者門檻，就需要分離運算和顯示，在雲端完成渲染。因此，雲端運算是建立元宇宙的重要技術。

事實上，當前已經有很多企業看到了雲端運算對於元宇宙的重要作用。Epic Games 收購了雲端運算與線上技術廠商 Cloudgine。Cloudgine 的核心優勢是，為互動內容提供大規模計算能力。Epic Games 收購 Cloudgine，能夠在很大程度上強化旗下的遊戲引擎，從而創作出更優良的 VR 遊戲。在收購 Cloudgine 之後，Epic Games 整合了資源和技術，以 Epic Cloudgine 為遊戲引擎，提供巨量、即時互動式內容的雲端運算能力，為步入元宇宙築基。

5G 與雲端運算的結合將提供更強大的算力，為建立更廣闊的虛擬空間，甚至形成元宇宙提供算力支援。5G 的高速度、高寬頻、低延遲的三大特徵，將極大提升網路速度，形成高速、穩定的網路。在 5G 的支持下，雲端運算的可靠性和運轉效率都會得到很大提升。

5G 與雲端運算的結合能夠加快元宇宙的到來。一方面，「5G+ 雲端運算」將推動雲遊戲的發展。更優質的網路和更強大的雲端運算能力不僅能夠優化玩家的遊戲體驗，還能夠支撐雲遊戲虛擬空間不斷擴展，推動雲遊戲向元宇宙發展。另一方面，「5G+ 雲端運算」的應用不會僅停留在遊戲方面，而是會推動體育、教育等多領域的雲端化，將更多的場景搬進虛擬世界，從而推動元宇宙多樣生態的形成。

3.3.3 5G+AIoT，物聯網模組加碼元宇宙的建立

作為 5G 的關鍵應用，無線模組在物聯網系統中有著重要作用。同時，由於元宇宙與物聯網的密切相關性，無線模組也將為元宇宙的建立提供重要支援。元宇宙的建立涉及 5G、VR/AR、遊戲引擎等多種技術，展示出了建立以現實世界為基礎的虛擬世界的可能性。在各種先進技術的相互作用下，元宇宙需要提供一種高智慧、低延遲的環境，而無線模組能夠強化元宇宙，在元宇宙建立中發揮必不可少的無線通訊價值。

VR/AR、遊戲引擎等技術在不斷提升元宇宙的沉浸感受的同時，對連線也有著很高要求。無線模組可以透過收集裝置資料，整合邊緣計算能力，為元宇宙的運作提供資料基礎，提供更高的資料管理價值。

基於 5G+AIoT，通訊模組可以根據終端需求進行軟硬體介面、開放平臺等多方面的定訂，幫助終端設備處理複雜的連線問題，從而解決元宇宙在跨領域融合終端方面面臨的連線難題。

元宇宙涉及不同的領域，其建設其實是一種「跨宇宙」的建設。對於無線模組企業來說，在連接多個端口的同時，打造智慧連接、突破多元通訊是提升元宇宙建立的關鍵。

作為知名的無線模組提供商，廣和通推出了多種可以廣泛配合物聯網終端的模組產品，同時融合 5G，推出了具備高速度、高寬頻、低延遲等特性的 5G 模組和具備高算力的智慧模組。這些產品可以幫助終端裝置實現智慧連接，推動元宇宙的建立。

元宇宙的發展將強化現實中的各行各業，同時實現技術交融。作為其中的關鍵環節，無線模組需要融合 AI、雲端運算、區塊鏈、VR/AR 等技

術，支援大量使用者同時上線。在這方面，廣和通不斷推動智慧模組產品升級，發佈了 5G 智慧模組 SC161。SC161 將 5G 與高算力處理器結合，擁有超強的拍攝和圖形處理能力，能夠滿足更複雜的應用場景和更高的無線通訊需求。

未來，隨著各行業的虛擬化及向元宇宙推動步伐的加快，元宇宙建立將會對智慧連線提出更高的要求。隨著元宇宙的發展，無線模組也將釋放更大的能量。

3.4 展示方式：提供互動模式

展示方式包括使用者進入元宇宙、進行人機互動的方式。目前，隨著 VR/AR 技術的發展，使用者能夠獲得多樣的沉浸式體驗。內容展示相關軟硬體技術的成熟開啟了通往元宇宙的大門。

3.4.1 動作捕捉技術智慧化，提供人機互動新方式

目前，市場中的主流 VR 裝置是 VR 頭戴式顯示器，借助 VR 頭戴式顯示器，使用者能夠進行 VR 觀賞電影、體驗 VR 遊戲等。但大部分的 VR 頭戴式顯示器沒有附帶體感互動裝置，這使得使用者難以獲得全身心的高度沉浸感，難以透過身體的各種動作在虛擬世界中與其他人進行互動。若想獲得更高度沉浸感的互動體驗，就離不開動作捕捉技術的支援。

以實現方式對動作捕捉技術進行劃分，動作捕捉技術可以分為光學動作捕捉、慣性動作捕捉、電腦視覺動作捕捉等不同的類型。

光學動作捕捉透過對目標物件上光點的追蹤達到對動作的捕捉。最常用的是基於馬克點的光學動作捕捉，即在目標物件身上黏貼能夠反射紅外線的馬克點，根據攝影機對馬克點的追蹤，實現對目標物件動作的捕捉。

Oculus Rift 是光學動作捕捉的代表產品，其搭載了主動式紅外光學定位技術，頭戴式顯示器和搖桿都配備了可以發出紅外線的紅外燈。其動作捕捉的過程需要兩台攝影機進行拍攝，借助紅外線濾波片，攝影機只能先捕捉到頭戴式顯示器或搖桿上發出的紅外線，隨後再計算出頭戴式顯示器或搖桿的空間座標。

慣性動作捕捉以 IMU（Inertial Measurement Unit，慣性測量單元）為基礎完成對目標動作的捕捉。其基本邏輯是，把集合了加速度計、陀螺儀、磁力計的 IMU 固定在目標的骨骼節點上，再對測量數值進行計算，從而完成動作捕捉。

諾亦騰推出的 Perception Neuron 是採用慣性動作捕捉的代表產品，如圖 3-5 所示。

Perception Neuron 搭載一套靈活的動作捕捉系統，其每個小小的節點模組包含了各種慣性測量感測器。使用者穿戴好裝置後，Perception Neuron 便可以完成對手指、手臂甚至全身的動作捕捉，使用者可在虛擬世界中自由地奔跑、跳躍。

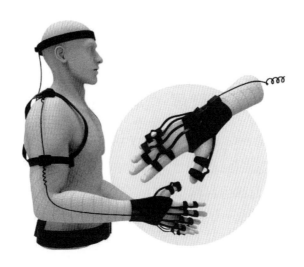

圖 3-5 Perception Neuron

電腦視覺動作捕捉以電腦視覺原理為基礎而實現。捕捉過程為，由數台攝影機從不同角度對目標物進行拍攝，在多台攝影機捕捉到目標物的運動軌跡後，透過系統運算，便能夠得出目標物的軌跡資訊，從而完成動作捕捉。

Leap Motion 的手勢辨識技術就利用了以上動作捕捉原理。其在 VR 頭戴式顯示器內裝有兩個攝影機，以此抓取使用者的三維位置資訊並進行手勢動作的捕捉，建立手部運動軌跡，從而實現手部的體感互動。

當前，動作捕捉技術在很多 VR 體驗店中已經得到應用。一些沉浸式 VR 體驗店會借助動作捕捉裝置、VR 裝置等打造虛擬場景，推出一系列沉浸式內容。例如，VR 體驗店 THE VOID 曾與迪士尼共同推出《無敵破壞王：大鬧 VR》、《星球大戰：帝國的秘密》等。其 VR 虛擬場景與現實場景一一對應：當虛擬世界裡出現風或岩漿時，人們也會感受到有

風吹過或溫度上升。而且其裝置能夠辨識手指交叉等高難度的手部追蹤動作，帶給人們更逼真的沉浸式體驗。

3.4.2 XR 技術不斷發展，元宇宙展現方式升級

當前，隨著商用 5G 的不斷推進，XR（Extended Reality，延展實境）終端顯示強大的發展潛力，虛擬世界與現實世界的聯繫也不斷加強。什麼是 XR？XR 指的是透過網路技術和穿戴式裝置產生的一個真實與虛擬相融合的環境，是 AR、VR 及 MR（Mixed Reality，混合實境）等形式的統稱。

作為展示元宇宙的主要方法，XR 技術的發展將帶給人們更豐富、更沉浸的元宇宙體驗。AR 技術可以將虛擬形象帶入到現實世界中，VR 技術能將人們帶入虛擬世界，而 MR 技術能夠將 AR 技術、VR 技術結合，將人們帶到一個虛擬世界和現實世界融合的世界。

在遊戲這一 XR 技術重要應用場景中，玩家可以借助 XR 獲得更強的沉浸感和更高的參與度。在 VR 遊戲中，玩家會進入一個逼真的、完全虛擬的世界，體驗到強沉浸感與真實感。然而，在 AR 或 MR 遊戲中，虛擬世界與現實世界完美結合，現實世界變成了遊戲的一部分，這同樣能夠帶給玩家真實體驗。

由於 XR 領域的巨大潛力，許多科技巨頭紛紛提前占位，進行了多方面的佈局。

2021 年 8 月底，愛奇藝旗下子公司、VR 廠商愛奇藝智慧召開了新品發佈會，發佈了新一代 VR 硬體產品奇遇 3 VR 一體機。同時，隨產品首

發的 30 款優質遊戲將免費向首任機主開放，包含《亞利桑那陽光》、《雇傭兵：智能危機》、《僵屍之地：彈無虛發》等。未來，奇遇 3 還將定期推出免費的遊戲內容。

除了遊戲，奇遇 3 也提供了更好的觀影體驗。其搭載的 iQUT 未來電影院能為使用者提供一個 2000 吋的大型螢幕，同時能夠展現豐富、細緻的色彩，使影像更加自然。在內容方面，依靠龐大的愛奇藝內容資料庫，奇遇 3 可向使用者提供多樣的影視內容。

除了愛奇藝，華為也在持續佈局 XR 產品、硬體和軟體等。在 XR 技術佈局方面，華為的專利涉及 AR 眼鏡、VR/AR 地圖、VR/AR 通訊等。由於 5G 方面的優勢，2020 年 5 月，華為海思發佈了 XR 晶片平臺，推出了可支援 8K 解碼能力，集合 GPU（Graphics Processing Unit，圖形處理器）、NPU（Neural-network Processing Units，網路處理器）的 XR 晶片，並推出了以該平臺為基礎的 AR 眼鏡 Rokid Vision。

眾多企業對於 XR 技術的佈局，推動了 XR 技術的發展和產品的迭代。可以預見，在不遠的將來，隨著 XR 技術的不斷發展，元宇宙與現實世界的入口將不斷被拓展，多樣的展現方式也將加強元宇宙與現實世界的連接。

大勢所趨：元宇宙成為
網際網路發展的下一階段

元宇宙與網際網路密切相關。元宇宙依靠網際網路而產生，最終又會深刻影響網際網路的發展。目前，人們可以在現實世界中玩遊戲、購物、觀看演唱會等，隨著元宇宙的發展，這些活動都可以被搬到元宇宙中，產生新的商業模式。從這一角度看，元宇宙是網際網路發展的下一階段。

4.1　網際網路的發展是建立元宇宙的基礎

網際網路為元宇宙的建構提供了基礎。從網際網路的產生到行動網路的發展，再到應用生態的不斷擴展，網際網路技術的演變推動了元宇宙的形成。

4.1.1　網際網路發展三部曲：PC 網際網路 + 行動網路 + 元宇宙

網際網路經過 50 多年的發展，已經從 PC 網際網路發展到行動網路，同時又將迎來一個新的發展階段。縱觀網際網路的發展過程，其可分為三個階段：PC 網際網路─行動網路─元宇宙，如圖 4-1 所示。

圖 4-1　網際網路的三個發展階段

1. PC 網際網路

網際網路誕生之初的 PC 網際網路展現出一種靜態模式，網站提供什麼內容，使用者就流覽什麼內容，幾乎沒有互動。當時，主要以入口網站

和搜尋引擎吸引流量，內容生態為 PGC 模式，最主要的商業模式是廣告。千禧年之後，PC 網際網路迎來了發展，社群網路成為新的流量入口，UGC 打造了新的內容生態，產生了電商、遊戲等新的商業模式。

2. 行動網路

在 3G、4G 通訊技術的基礎上，Google Android、Apple iOS 等作業系統相繼出現，將人們帶入了行動網路時代。各種支付軟體、遊戲軟體、社群軟體、辦公軟體等應用的出現，豐富了人們的生活，線上購物、線上辦公等成為趨勢。

3. 元宇宙

隨著 5G 的商用落地，AI、雲端運算、區塊鏈等技術的發展和 VR/AR 等裝置的迭代升級，一個萬物互連的網際網路將變為現實，元宇宙也會在此基礎上形成。人們可以在元宇宙中體驗各種生活，將線下的工作和生活搬到元宇宙中。

為什麼元宇宙會成為網際網路發展的下一階段？網際網路發展至今，商業模式和形態已經基本固定，缺少新的增長點，而元宇宙能夠突破現實世界的各種限制，孕育新的商業機會。同時，隨著各種技術的不斷發展，元宇宙離我們也不再遙遠。各種先進、複雜的技術在元宇宙中得到了重整並能夠發揮更大作用，元宇宙成了能夠打破平臺化網際網路的有效方法，成為網際網路發展的下一階段。

4.1.2 IPFS：新一代網際網路技術推動元宇宙發展

如果人們在虛擬世界裡感受不到真實性，而是像在玩遊戲，並且遊戲內容與現實世界完全脫節，那麼這個虛擬世界就不能被稱為元宇宙。真正的元宇宙能夠連通現實世界和虛擬世界，現實世界的一切都能夠在元宇宙中得到映射，並且人們在元宇宙中的活動也會影響現實生活。這意味著在元宇宙中將會產生大量資料，同時元宇宙對資料儲存也提出了非常高的要求。

元宇宙建立的是一個資料主權明確、安全可靠的去中心化虛擬世界，這意味著其需要去中心化網際網路的支持。但是當前網際網路廣泛應用的網路通訊協定是 HTTP 協定，其具有高度集中的中心化特徵，並且十分脆弱，並不利於元宇宙的建立。

元宇宙在形成過程中會產生大量資料，並且會伴隨大量資料的傳遞，而當下網際網路實現了價值的傳遞，難以實現價值的流轉，在身份認證、價值資料的確權、交易中的隱私保護等方面都存在難以解決的問題。

在這種情況下，分散式網路受到了更多關注，IPFS（InterPlanetary File System，星際檔案系統）就是其中的典型代表。IPFS 是一個以內容定址為基礎的分散式傳輸協定，具有去中心化的特徵。

傳統的中心化儲存難以滿足資料的大容量儲存需求，也無法保證資料的安全性。而 IPFS 的去中心化儲存功能能夠滿足元宇宙的資料儲存需求，並且，融合區塊鏈特徵的 IPFS 還能夠實現去中心化的經濟結算和記錄。此外，借助完善的機制和規則，IPFS 可以透過智能合約對元宇宙中大量資料的運作和變化進行追蹤驗證，使元宇宙能夠正常有效地運作。

未來，IPFS 可能會成為元宇宙底層傳輸協定，在滿足元宇宙龐大資料傳輸、儲存需求的同時，透過內容定址的方式保證資料的可持續性。

4.2 元宇宙是網際網路的下一代產物

從網際網路發展的角度看，網際網路最後會走向元宇宙。一方面，在網際網路的發展已接近天花板的情況下，行動網際網路需要尋找新出路。另一方面，數位時代的發展將會推動現實世界的線上化，這和元宇宙的發展方向是一致的。在這樣的背景下，馬化騰提出了「全真互聯網」的概念，進一步確定了網際網路的發展方向。

4.2.1 發展訴求：網際網路需要尋找新的發展機會

目前，元宇宙無疑是市場中的新寵，除了各路資本對元宇宙推崇備至，VR/AR、區塊鏈等領域的科技巨頭及網際網路巨頭也在紛紛部署元宇宙。在這些領頭羊的帶領下，元宇宙領域也誕生了諸多創業公司。各路企業摩拳擦掌，或先發制人、或後來居上，都想要在這一新的賽道中跑出好成績。

在網際網路紅利逐漸消失，流量瓶頸難以突破的大環境下，資本與企業需要以一個新的概念開啟發展的新階段，此時出現的元宇宙就成了市場中爭相搶奪的香餑餑。元宇宙不僅是一個新的發展賽道，更是網際網路行業的一種「解藥」。

以 VR/AR 為例，在元宇宙未興起之前，VR/AR 雖然能夠為使用者提供沉浸式體驗，但受眾面較小，仍屬於小眾人群的一種愛好。相關的 VR/AR 內容也較少，使用者難以獲得更加豐富的沉浸式體驗。

在元宇宙概念興起之後，作為元宇宙的技術入口，VR/AR 被推到了風口浪尖。愛奇藝智能、NOLO VR、Pico 等 VR/AR 領域的企業紛紛獲得投資；愛奇藝推出的奇遇 3、Pico 推出的 Pico Neo 3、HTC 推出的 HTC VIVE Pro 2 和 HTC VIVE Focus 3 等 VR/AR 產品也一一推出。同時，更多的企業開始佈局更完善的 VR/AR 業務，以求抓住時代的風口。

其中，典型代表就是 Meta。Meta 在今年積極佈局 VR，在硬體和內容方面都取得了十分亮眼的成績。

在 VR 硬體方面，Meta 全力發展 Quest 獨立頭戴式顯示器系統，同時也在開發更先進的頭戴式顯示器 Quest Pro；在 VR 生態方面，Meta 推出了 VR 應用平臺 App Lab、收購了 VR 遊戲 *Onward* 開發商 Downpour Interactive，並計畫在 VR 內容中投放廣告；在 VR 體驗方面，Meta 對 Quest 軟體系統進行了更新，支援 Air Link 無線串流和實體鍵盤等；在 VR 互動方面，Meta 積極探索新的互動模式，如手環、人跡介面等，希望在未來實現全手勢辨識。

可以看到，Meta 在 VR 佈局方面正在不斷完善，除了加強其在 VR 頭戴式顯示器方面的優勢，還在積極進行 VR 內容生態的建設。

市場中像 Meta 一樣正在佈局元宇宙的網際網路企業還有很多。對於這些企業來說，元宇宙是其突破當下發展瓶頸的一種可行的嘗試途徑。同時，在 VR/AR、AI、5G 等先進技術的支援下，新的商業機會不斷出

現，充滿科幻意味的元宇宙將帶來無限可能。這種潛在的發展機會讓更多企業心動，越來越多的企業紛紛加入建立元宇宙的隊伍中。

4.2.2 進化結果：元宇宙是數位化社會網際網路發展的必然結果

當前，數位時代不斷發展，現實世界向數位化世界遷徙、人類數位化生存成為未來社會發展的趨勢，而元宇宙為現實生活的數位化發展提供了一種可行的解決方案。從這一角度來説，元宇宙是數位化社會發展的必然結果。元宇宙並不是曇花一現的幻想，而是會成為人們數位化生存的棲息地。

元宇宙作為生活的數位化平行世界，與人們的遊戲、社交、工作等需求緊密相關。隨著生活數位化之加速，越來越多的人願意把更多的時間投入到虛擬世界，在虛擬世界中進行娛樂、社交、創作、購物等。元宇宙不僅會將現實生活中的人、物等搬到虛擬世界，還會復刻現實世界中的運作邏輯、商業模式等。同時，新的場景、新的關係還會催生新的商業模式，為網際網路企業提供新的盈利點。

未來，隨著社會的數位化發展，人們的更多活動將被搬到線上，而元宇宙則為人們提供了一個邊界不斷拓展的虛擬空間，讓人們可以體驗到個性化、場景化、互動化的數位化生活。從這一角度來説，元宇宙符合數位化社會的未來發展要求。

具體而言，元宇宙能夠帶來三個方面的數位化，如圖 4-2 所示。

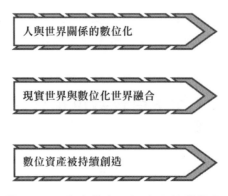

圖 4-2 元宇宙帶來三個方面的數位化

1. 人與世界關係的數位化

在元宇宙中，人機互動體驗將超越人和人的互動體驗，不僅能夠實現社會關係的數位化，還能夠實現人與世界關係的數位化。過去幾十年，線上聊天、網路購物、視訊會議等實現了人與人社會關係的數位化。未來，在元宇宙中，人們將會與其他人更頻繁地互動，同時，線下的更多關係將會被轉移到虛擬世界中，實現人與世界關係的數位化。

2. 現實世界與數位化世界融合

未來，現實世界和數位化世界的交集會越來越多，直至走向融合。數位化世界不斷地類比和復刻現實世界，最終形成更廣闊的網路空間。數位世界的發展也可以反作用於現實世界，二者的邊界將逐步模糊，最終走向融合。

3. 數位資產被持續創造

在元宇宙中，數位建築設計、數位藝術品創作等領域將湧現出更多 UGC 內容。使用者既是消費者，也是 UGC 內容的創作者。當 UGC 成為數位

世界中的主要內容時，就意味著大量數位資產將被持續創造。數位資產不僅包括現實世界中數位化的實物資產，也包括數位世界中被創造出來的虛擬資產。在不斷的創作中，元宇宙的數位經濟規模將持續擴大。

元宇宙各方面的數位化也會深刻影響我們的生活。試想，未來的某一天，我們可以這樣工作：

早上 8 點，在關掉鬧鐘後，你慢悠悠地起床、洗漱、吃早飯。9 點，到了上班的時間，你穿戴好全身追蹤的智慧裝置，瞬間進入建立於元宇宙中的公司。同時，同事的虛擬化身也陸續出現。大家可以聚在一起討論工作，共用虛擬資料。10 點，你收到海外的會議邀請，點選「接受」後，你瞬移到了一個虛擬會議室，來自世界各地的同事聚在一起，進行面對面的會議。12 點，上午的工作結束，你關閉了智慧裝置，瞬間回到了現實世界，開始和家人一起享受可口的午餐。

這一切看起來無比夢幻，但可能會在未來的某一天成為現實。當工作數位化融入更多的虛擬實境元素時，元宇宙的場景邊界就從人們的遊戲、社群等生活場景擴展到了更大規模的社會場景。

4.2.3 全真互聯網：行動網路大洗牌

2020 年，在百度、阿里巴巴不斷致力於 AI、雲端運算等技術領域的同時，騰訊將發展的目光瞄向了更遙遠的「全真互聯網」。2020 年 11 月，在騰訊推出的 2020 年度特刊《三觀》中，馬化騰提出了全真互聯網的概念：「現在，一個令人興奮的機會正在到來，行動網路十年發展，即將迎來下一波升級，我們稱之為全真互聯網。」馬化騰同時預測道：「隨

著 VR 等新技術、新的硬體和軟體在各種不同場景的推動，我相信又一場大洗牌即將開始。就像行動網路轉型一樣，上不了船的人將逐漸落伍。」

那麼，這個能夠引發行業洗牌的全真互聯網究竟是什麼？馬化騰在文章中闡述道：「這是一個從量變到質變的過程，它意味著線上線下的一體化，實體和電子方式的融合。虛擬世界和現實世界的大門已經打開，無論從虛到實，還是由實入虛，都在致力於幫助使用者實現更真實的體驗。」從這一表述來看，全真互聯網和元宇宙十分相似。

在全真互聯網或元宇宙的虛擬世界中，人們可以自由在商場中選購商品，然後選擇將商品送到現實中的位址；可以透過出售自己在虛擬世界創作的產品獲得收益。人們在虛擬世界的消費和收益記錄能夠和現實世界同步。這個世界之所以這樣神奇，正在於其能夠實現社交、工作、消費等多場景的虛擬與現實的連接。

在提出全真互聯網這個概念後，騰訊在進軍元宇宙的道路上提升了馬力。2021 年 9 月以來，騰訊申請了近百條與元宇宙相關的商標，如「騰訊音樂元宇宙」、「和平精英元宇宙」、「天美元宇宙」等。

2021 年 11 月 10 日，騰訊發佈了第三季財報，其中騰訊在科研方面的投入創 2021 年季度新高。騰訊表示，未來將加大虛擬實境產品的研發投入，推出參與度更高、體驗更優的產品。此外，基於其遊戲和社交基礎，騰訊將加大技術研發力度，不斷探索和開發元宇宙。

除了推進內部研發，騰訊在元宇宙領域的投資也從未停止。例如，在遊戲方面，騰訊投資了 Epic Games，將結合其自研遊戲、遊戲平臺和引擎

強化自身遊戲業務。同時，騰訊投資了 Avakin Life、Roblox 等沙盒遊戲公司。其中，Avakin Life 的註冊使用者超過 2 億人，日活躍使用者超過 100 萬人，而 Roblox 創造了月活躍使用者 1.15 億人的紀錄，使用者族群廣泛，二者都存在孕育元宇宙的基因。

騰訊的這些投資不但擴大了自身元宇宙的生態，也衍生出了新的玩法。2021 年 9 月，騰訊旗下的 QQ 音樂與 Roblox 共同推出了《QQ 音樂星光小鎮》，探索沉浸式音娛類遊戲。

《QQ 音樂星光小鎮》為玩家提供了沉浸式的互動音樂體驗。進入遊戲後，玩家彷彿來到了演唱會現場，能夠在多場景轉換中體驗更動感的音樂。此外，玩家還可以在虛擬的建築中穿梭，用星光點數兌換音樂周邊產品等，獲得不一樣的音樂體驗。

騰訊在元宇宙領域的佈局表現出了網際網路行業的一種趨勢，未來將會有更多企業加入到元宇宙建設的隊伍中，在虛擬與現實方面，也會實現消費網際網路、產業網際網路、應用場景等多方面的融合，從而帶來網際網路行業的大洗牌。在這樣的趨勢下，率先入局的企業更容易彎道超車，而落後的企業則可能會被行業的洪流湮沒。

Part 2
應用篇

Chapter

05

資本湧入：
元宇宙市場風起雲湧

元宇宙概念在全球流行，引起大量資本湧入。在國外市場，Roblox、Epic Games 等遊戲公司吸引了數十億美元的投資，微軟提出建立「企業元宇宙」，Google、NVIDIA 也紛紛開始佈局元宇宙。騰訊、字節跳動、網易等網際網路巨頭爭相入局，VR/AR、網路遊戲、超高清影片等元宇宙相關市場成為資本的新寵兒。

5.1 新商業模式 + 新投資機會

元宇宙的出現讓虛擬空間和虛擬產品進入大眾視野，由此出現了很多新的商業模式和投資機會。為了跟上元宇宙發展的大趨勢，眾多新創企業開始佈局元宇宙，以求先人一步掌握其商業模式和先進技術。

5.1.1 虛擬空間和虛擬產品帶來新的商業模式

隨著網際網路巨頭的一系列動作，元宇宙這個概念廣泛受到大眾關注。那麼元宇宙產生的虛擬空間和虛擬產品帶來了哪些商業模式呢？以下我們就來介紹。

1. 銷售藝術品 NFT

藝術品 NFT 博物館是目前元宇宙中應用最廣泛的一種商業模式。NFT 具有唯一性和不可複製性，因此與藝術品具有天然的關聯性。最早進入元宇宙的大部分人就是藝術家相關群體，例如，劉嘉穎的赤金美術館、宋婷的熊貓館、BCA Gallery 等，由此催生了元宇宙中最早的也是最流行的藝術品收藏商業模式。

2. 元宇宙建造服務

一些人在虛擬世界擁有很多土地，但是精力有限，所以需要聘請第三方團隊幫忙建設。由此，便催生出了第三方團隊元宇宙建造服務公司，如 MetaEstate、Voxel Architects 等。例如，Cryptovoxels 平臺上的元氣星空 MetaChi HQ、Creation 時尚館等場館都是由 MetaEstate 建造的。

3. 廣告宣傳

有流量的地方就可以做廣告，隨著進入元宇宙的使用者越來越多，廣告服務勢必將成為一個熱門的商業模式。例如，MVB（Metaverse Billboards）就是一家在元宇宙中做廣告的服務商，MVB 已經在 Cryptovoxels 平臺佈局了 250 多個看板，價格為每週 1 枚比特幣。當然，除了專業的廣告公司，個人也可以在元宇宙中賺取宣傳費，例如，Aily Gallery 供多位藝術家在場館中佈置為期數天的展覽。

4. 地產租賃

現實世界中的房地產可以買賣，也可以租賃，虛擬土地同理。一些持有很多虛擬土地的人沒有時間進行建設，那麼把這些土地租給有創意、有經營想法的玩家，也許是一個資源交換的好辦法。

5. 沉浸式體驗專案

沉浸式體驗指的是讓人們專注於當前氛圍而忘記現實世界的體驗。例如，我們去北京環球影城，跟著哈利‧波特在高空飛翔，跟著小黃人上躥下跳，但其實我們可能只是乘坐了幾次過山車，而整個園區營造出來的氛圍卻讓我們覺得彷彿置身在電影世界。事實證明，這種沉浸式體驗專案的評價遠高於單純的過山車，而且定價更高。元宇宙的沉浸感天然適合打造沉浸式體驗專案，遊客可以在 VR、AR 等裝置的加持下獲得更真實的體驗。

6. 遊戲專案

遊戲因為本身自帶虛擬屬性，所以更容易融入元宇宙。例如，*The Sandbox* 是一個區塊鏈遊戲平臺，玩家可以在區塊鏈上將遊戲裝置 NFT

化。這種區塊鏈遊戲，由於場地等資產和遊戲裝置都進行了 NFT 化，玩家便可以獲得投資 NFT 和遊玩的雙重體驗。

7. 服飾銷售

虛擬世界雖然不能替代現實世界，但可以改變我們的生活方式。例如，我們購買衣服的場景從線下商場延伸至淘寶介面，再延伸到直播，朝著越來越立體化的方向發展。但是直播主試穿畢竟不是消費者親自試穿，直播主試穿的效果並不一定適合每一個消費者。元宇宙的出現或許可以讓這一場景發生根本性變革，那時，我們可以用自己的數位替身去虛擬世界試穿衣服，真正做到足不出戶買遍全球好物。

8. 線上 KTV

目前，線下 KTV 受到空間的限制，無法讓相隔千里的人在同一場景下一起唱歌。元宇宙可以將全世界的人們聚集在一起，讓他們在同一場景下進行社交，自然也包括一起唱歌。

9. 資料服務商

隨著虛擬世界的發展，萬物越來越離不開資料。買家想要了解在售虛擬土地的資訊，賣家想要了解市場上虛擬土地的平均價格，都離不開資料的支援，所以元宇宙中必須有專業的資料服務商。

在不久的將來，隨著元宇宙的進一步完善，可能會出現一批新商業模式和新職業，如元宇宙建築師、元宇宙場館設計師、元宇宙遊樂專案規劃師、元宇宙場館業者等。這些新商業模式不斷豐富著元宇宙的功能，讓更多人參與進來，最終形成真正的元宇宙。

5.1.2 商業模式和技術成為投資指標

元宇宙的目標是打造一個可供體驗的、規模龐大的虛擬場景。目前，元宇宙在 AR、VR、AI、區塊鏈等技術的加持下快速發展，資本、技術創業者都高度重視元宇宙。根據 Roblox 概括的元宇宙八大特徵：身份、朋友、沉浸感、低延遲、多元化、隨地、經濟系統、文明，我們可以得出元宇宙的四個投資方向。

（1）技術基礎設施：硬體、AI、無線通訊服務、網路技術；
（2）內容與應用服務；
（3）運作服務、協定工具；
（4）新的經濟體系和商業模式。

技術是支撐元宇宙產業的基礎，技術的發展將決定元宇宙市場的成熟程度。在技術基礎設施完備的前提下，元宇宙生態才能更加完備，所以，技術是當之無愧的投資熱點之一。

元宇宙需要源源不斷的內容，僅靠官方生產內容是遠遠不夠的。因此，我們需要建立一個生態，讓人人都是創作者，使參與元宇宙的人們既消費內容又供應內容。這樣藉由使用者的自主創作，元宇宙的世界才能更豐滿。所以，內容也是元宇宙投資的重點。

除此之外，為了提高數位資產的價值，優化使用者體驗，元宇宙中還要有各種第三方服務商，其負責提供運作服務和協定工具，包括數位資產託管、一鍵進入元宇宙等。

由於供應端的改變，元宇宙中還會出現新的經濟體系。去中心化共識、開放式架構、加密資產等經濟機制，可以催生更多的商業模式，由此帶來更多的投資機會。

5.2 世界各巨頭入局，佈局新藍海

為了抓住行業發展的新趨勢，許多網際網路巨頭開始佈局元宇宙，包括米哈遊、微軟、NVIDIA、華為等。

5.2.1 米哈遊：以遊戲入局，打造提供十億人生活的虛擬世界

米哈遊從 2014 年到 2020 年，員工規模幾乎逐年倍增，其收入每 3 年或 4 年出現新產品時就顯著提升。目前，米哈遊的員工已達 2400 人，只要上線新產品，整體收入就會大幅增加，例如，2020 年《原神》全球公測後，米哈遊的營收突破了 50 億元。

談及米哈遊，就不得不提《原神》。《原神》是一款遠超米哈遊預期的遊戲，榮登中國、日本、美國等全球 30 多個市場暢銷榜榜首。與其他遊戲大作的研發模式不同，《原神》幾乎沒有外包內容，除了本身對品質的追求，米哈遊還將《原神》打造為一款服務型遊戲（免費下載，遊戲內購買付費）。這樣的模式要求遊戲能保證長期穩定的更新，且能持續輸出優質內容。

做服務型遊戲是米哈遊在 2013 年時意識到的，當時《崩壞學園》正式在 App Store 中國免費上線。在推出《帶我去月球》（*Fly Me to the Moon*）後，米哈遊意識到在行動平臺上付費下載的遊戲很難取得成功。於是，米哈遊轉型做服務型遊戲，這才有了如今的《原神》。儘管《原神》獲得了極大成功，但米哈遊依然在思考單一遊戲產品的上限在何處，我們可以將其理解為公司的新的增長點，即米哈遊未來的進化方向。

米哈遊有一句人盡皆知的口號「技術宅拯救世界」。對此，其創始人蔡浩宇給出了解釋。

對於「技術」和「宅」，他表示米哈遊依然想做一家科技公司，其核心競爭力，就在於用最好的技術，做出符合使用者需求的內容。對於「拯救世界」，他希望米哈遊在未來幾十年後，能創造出像《駭客任務》、《一級玩家》等電影中的虛擬世界，即在有類似裝置的前提下，建立出擁有大量內容的世界。這也是米哈遊的未來願景，即創造出提供十億人生活的虛擬世界。

這是米哈遊的願景，同時也實現了米哈遊入局元宇宙的決心。對於米哈遊來說，開發《原神》這樣的遊戲只是起點，其目標是透過每 3 年或每 4 年一次的產品迭代，逐步建立出接近元宇宙的虛擬世界。

5.2.2 微軟：聚焦技術與內容，專注於企業元宇宙

在佈局元宇宙方面，老牌科技公司微軟自然也不甘落後。目前，微軟致力於硬體入口、底層技術、內容這三個方面，專注於建立企業元宇宙。微軟透過 HoloLens、Azure 雲服務、Azure Digital Twins 等工具致力於明企業客戶將虛擬世界與現實世界融為一體。

（1）硬體入口：HoloLens（微軟開發的一種混合現實頭戴式顯示器）繼承 Kinect（體感周邊外設）技術，但是不開發遊戲外設，而是致力於開發生產力工具。

（2）底層技術：完善的企業元宇宙技術堆疊，包括 Azure Digital Twins、Microsoft Power 平臺、Azure IoT、Azure Synapse 分析等。

（3）內容：基於 Xbox 平臺探索元宇宙，《Minecraft》、《模擬飛行》等遊戲皆是微軟探索元宇宙的體現。

相較於其他企業，微軟率先提出佈局企業元宇宙這一方向。微軟在 Microsoft Ignite（線上技術大會）上宣佈，將旗下的 Microsoft Teams（一款聊天和會議應用）打造成元宇宙，將 Microsoft Mesh（多使用者、跨平臺的混合現實應用程式）融入 Microsoft Teams，並借助一系列整合虛擬環境的應用，讓使用者在互通的虛擬世界中更好地工作、交流。

除此之外，微軟還宣佈將在 Microsoft Teams 中新增 3D 虛擬化身功能，如圖 5-1 所示。使用者不需要使用 VR/AR 裝置，就能以虛擬人物的形式出現在視訊會議中，對其個人形象和身份有了更多控制權。

圖 5-1 3D 虛擬化身

微軟還將 Xbox 遊戲平臺納入元宇宙，讓企業平臺與娛樂平臺同步發展，逐漸擴大元宇宙的覆蓋範圍。

5.2.3 NVIDIA：開源互聯的虛擬世界

2021 年 4 月，在 NVIDIA 舉辦的 GTC 大會上，其創始人黃仁勳以自家的廚房為背景展開了主題演講。他身穿標誌性的皮夾克，侃侃而談。在發佈會結束後的幾個月，所有參與者都沒有發現任何異常。之後，在計算機圖形學頂級年度會議 ACM SIGGRAPH 2021 上，NVIDIA 揭開了其GTC 大會暗藏的玄機。創始人演講的全部畫面都是用仿真建模、光線追蹤技術、GPU 圖像渲染建造的虛擬場景。

NVIDIA 用一場「假」發佈會向人們展示了元宇宙的冰山一角，並透過計算機圖形學頂級年度會議 ACM SIGGRAPH 2021，重點介紹了 NVIDIA 研發的 Omniverse 基礎建模和協作平臺。

早期，NVIDIA 將重點工作放在 GPU 上，但如今 NVIDIA 不僅提供 GPU 的硬體支援，還致力於打造一個強大的影像處理平臺，這個平臺集硬體、軟體、雲端運算等功能於一身，並且是一個開源平臺，可以相容其他廠商的各種渲染工具。

影像技術開發者利用這個平臺，就能模擬出逼真的現實世界。3D 建築設計師、設計 3D 場景的動畫師、開發自動駕駛汽車的工程師，可以像編輯文件一樣輕鬆設計出 3D 虛擬場景。

為了讓這場發佈會更逼真，黃仁勳拍了上千張自己的照片，透過 3D 掃描，把身上的各種細節精準地記錄下來，還為皮夾克單獨拍了照片。在建模後，NVIDIA 依靠強大的工具對人物進行了處理。例如，以 GAN 技術為基礎的自動高解析度影像生成，把 2D 影像轉變為高品質的 3D 影像。除此之外，NVIDIA 還利用其新推出的具有 30 次光源追蹤技術的 NVIDIA RTX，即時追蹤光線，移動視角，以達到最佳的模擬效果。所以當「黃仁勳」出現在影片中時，大多數人都沒有看出端倪。

總之，這場「假」發佈會對 NVIDIA 的技術進行了相當有力的宣傳。NVIDIA 的目標是打造一個開源的虛擬世界，在這一世界中，使用者可以進行 3D 建模、遊戲開發，也可以進行產品設計、科學研究等。目前，NVIDIA 已獲得眾多廠商的支持，如 Adobe、Blender、Autodesk 等。

5.2.4 華為：推出「星光巨塔」

在 HDC2021 開發者大會期間，華為發佈了一款以虛實融合技術為基礎
的實景遊戲《華為河圖之星光巨塔》。該遊戲是 LBS（Location-Based
Service，適地性服務）和 AR 技術的疊加而創作出的一款 LBS AR 遊
戲，其將現實世界實用的 LBS 和最具想像力的 AR 技術結合，為實景遊
戲增添了更多魅力。玩家進入 App，可以看到一個虛實融合的世界。當
九色神鹿穿越時空出現在華為園區時，星光巨塔將佇立在湖面上，如圖
5-2 所示。玩家可以透過地圖定位 AR 內容，並收集能量、搜索寶箱、
尋找 NPC、團戰打 BOSS，以取得最終的勝利。玩家團隊的分數會以
AR 看板的形式顯示在特定位置。

圖 5-2 星光巨塔

這款遊戲奇幻的 AR 效果是透過圖鴉 App 實現的，圖鴉 App 是華為研發的一款內容創作工具。這款工具內建豐富的 AR 素材和 AR 模板，能大幅提高創作效率，降低創作成本。開發者可以在圖鴉 App 中自由地創作 AR 作品，作品能永久保存於《華為河圖之星光巨塔》的元宇宙中。

星光巨塔是華為將虛擬世界與現實世界融合的一次嘗試，也展示了其入局元宇宙的野心。未來，隨著華為等公司的加入及 VR/AR 產業的日趨成熟，元宇宙有望迎來更好的發展機遇。

5.3 新秀崛起，成為投資指向標

除了一些老牌網際網路公司，專注於元宇宙相關賽道的新秀們也迎來了巨大的發展機遇，如大朋 VR、Unity、微美全息等元宇宙技術開發商，都獲得了大量資本的支援。

5.3.1 大朋 VR 完成千萬美元融資，致力於元宇宙建造

聯合光電旗下基金、謙宜資本、小村資本等投資機構聯合投資了軟硬體一體化全端 XR 技術與產品開發商大朋 VR，這一輪投資高達千萬美元，有助於大朋 VR 進一步發展建造元宇宙。

有了雄厚的資金儲備，大朋 VR 將加大產品的研發投入力度，引入高端人才，致力於打造更完美的 VR 產品。大朋 VR 將以智能互動、VR 硬體

等虛擬實境技術為基礎，專注於研發元宇宙基礎裝置，同時整合上下游資源，從技術、標準、應用等層面探索元宇宙的建設。

大朋 VR 的創始人陳朝陽曾主持開發了首款臂式可穿戴計算機，其合夥人章立曾是最早一批 Android 智慧電視生態的開拓者，團隊經驗非常豐富。這也為公司研發元宇宙基礎裝置，打造效率更高的虛擬互動形式奠定了基礎。目前，大朋 VR 的研發方向從軟體系統、硬體裝置到全端 VR 解決方案，幾乎涵蓋了元宇宙基礎裝置建設的各個方面，產品包括 VR 一體機、PC-VR 頭盔、泛娛樂 VR 平臺等。

目前，大朋 VR 的服務範圍遍及中國與海外 40 多個國家和地區，13000 多個開發者，是元宇宙基礎裝置服務商中的潛力股。

5.3.2 遊戲工具開發商 Unity 獲多輪巨額融資

Unity 於 2004 年成立，起初其主要業務是開發遊戲，在推出首款遊戲《粘粘球》(*Goo Ball*) 遭遇失敗後，Unity 團隊意識到遊戲引擎的重要性。於是，Unity 決定開發一款任何人都能買得起的引擎， 明更多開發者製作 2D、3D 內容。

目前，Unity 已經完成了 5 輪融資，且 IPO 取得了巨大成功，上市首日的收入上漲了 32%，公司市值增至 180 億美元。

2009 年，Unity 獲得 550 萬美元的 A 輪融資，由紅杉資本領投。

2011 年，Unity 獲得 1200 萬美元的 B 輪融資，由華山資本、iGlobe Partners 領投。

2016 年，Unity 獲得 1.8 億美元的 C 輪融資，由 DFJ Growth、中投公司、峰瑞資本領投。當時，Unity 的估值已經達到 15 億美元。

2017 年，Unity 獲得 4 億美元的 D 輪融資，由銀湖資本領投，公司估值達到 30 億美元。

2019 年 5 月，Unity 獲得 1.5 億美元的 E 輪融資，且在 2 個月之後又融資 5.25 億美元，由 D1 Capital Partners、Light Street Capital、紅杉資本、銀湖資本等機構領投，公司估值達到 60 億美元。

2020 年，Unity 在紐約交易所上市，發行價為 52 美元，共發行 2500 萬股，募集資金總額為 13 億美元。其中，紅杉資本持股 24.1%，為最大的股東。

Unity 的估值一路攀升並且獲得多輪巨額融資，可以看出資本對於元宇宙相關技術的發展充滿信心。未來，隨著資本的大量湧入，3D、VR、AR 等元宇宙相關技術的不斷發展，越來越多如 Unity 一樣的公司也將如雨後春筍般湧現出來。我們相信，元宇宙的實現將指日可待。

5.3.3 上市一年，微美全息累計融資 1.7 億美元

隨著虛擬實境技術的發展，VR、AR 被列為未來重點發展的產業之一。VR、AR 因此成為各大機構爭相投資的熱點，是近期名副其實的「資本紅人」。微美全息作為全像 AR 上市第一股，上市僅一年，就已獲得累計 1.7 億美元的融資。

蘋果和 Google 等系統供應商提供了多種基礎工具，使得開發多樣化的 AR 內容變得更加方便，更多使用者可以較低的成本體驗 AR，大眾對 AR 的接受度越來越高。

作為全像 AR 的代表企業，微美全息專注於全像雲服務，包含車載 AR 全像 HUD、頭戴式光學全像裝置、全像雲軟體等專業領域，是一家全像雲端綜合技術方案提供商。

微美全息與中國移動等營運商合作，積極推動 5G 全像通訊業務的實踐，幫助全像通訊應用的數位化轉型。微美全息計畫加強現有技術，保持在行業中的領先地位，同時利用 5G 高頻寬、高可靠、低延遲、大量連接等特性不斷升級技術，在更多領域取得突破，最終建立一個以全像技術為基礎的商業生態系統。

無論 5G 智慧應用，還是 5G 全像影音通話，微美全息一直沒有停下研究 5G 的腳步。未來，微美全息還將發揮 5G 即時全像技術在行業內的引領作用，加速營運商實現數位化轉型，為廣大使用者提供更優質、更便捷的資訊服務。

Chapter

06

遊戲＋社群：
元宇宙的入口

在元宇宙流行之下，Roblox、米哈遊、Meta 等科技巨頭紛紛佈局，或加強元宇宙領域的收購，或推出元宇宙概念產品。縱觀這些企業的動向，我們發現這些企業大多致力於遊戲和社群兩個領域。

為什麼各大企業都看好遊戲與社群這兩個領域呢？當下的很多遊戲和社群產品都為玩家提供了虛擬身份和沉浸式體驗，同時也有順利運作的經濟系統，這使得其在轉型成為真正的元宇宙產品方面更具優勢。從這方面來說，遊戲和社群是進軍元宇宙的捷徑。

6.1 遊戲 VS 元宇宙：以虛擬遊戲空間探索元宇宙

當前，因為遊戲與元宇宙之間諸多的共同特性，遊戲領域成為眾企業逐鹿元宇宙的主要戰區。很多成熟的遊戲已經形成了一個完善的生態，為元宇宙提供了現成的虛擬空間，具備了向元宇宙轉化的雛形。基於此，眾多遊戲巨頭紛紛凝聚優勢力量，推出了自己的元宇宙遊戲。

6.1.1 遊戲為元宇宙提供了可行的展現方式

遊戲具備打造元宇宙的天然基因，為孕育元宇宙提供了肥沃土壤。生態更加完善的大型遊戲更具備元宇宙基因，其往往擁有以下五個特徵。

（1）提供虛擬身份：遊戲中的虛擬身份能夠賦予玩家一個新身份，玩家可以以這個虛擬身份在虛擬世界裡活動。同時，客製化、形象化的虛擬身份能夠讓玩家產生更多融入感。

（2）高度社交性：玩家可以在活動中形成個性化的社群網路，可以隨時和其他玩家交流、共同合作、共同觀影等。

（3）自由創作：很多大型遊戲，尤其是沙盒遊戲都支援 UGC 創作，在使用者共創下可以不斷拓寬遊戲的邊界，這一特性和元宇宙十分相似。

（4）沉浸式體驗：遊戲作為高度互動性、高度沉浸感的內容展示方式，是元宇宙主要的內容載體。同時，遊戲也是 VR 裝置的主要應用場景。憑藉 VR 裝置，遊戲能為玩家帶來身臨其境的沉浸式體驗。

（5）經濟系統：遊戲中搭載了相對完善的經濟系統，玩家可以透過活動
　　獲得收益，產生的虛擬資產也可以在遊戲中流通。

以上這些因素都為打造元宇宙提供了基礎，目前，很多遊戲都已經具備
了一些元宇宙基因。

例如，Decentraland 打造出了一個去中心化的虛擬世界，並擁有完善的
經濟系統。使用者可以在其中展示自己的數位作品並進行拍賣，以此獲
得收入。使用者還可以在 Decentraland 中購買土地和其他商品，甚至可
以雇用其他使用者為自己工作，並用數位資產為其支付工資。

再如，沙盒遊戲《Minecraft》在自由創作方面做得十分出色。遊戲沒有
預設的劇情或關卡，主要由玩家依靠創造力自由發揮。遊戲為玩家提供
了各類基礎建築材料，如各種石頭、欄杆、階梯、木板等，如圖 6-1 所
示。

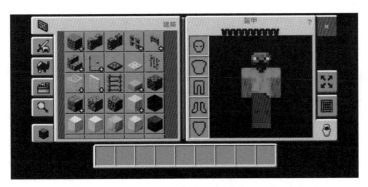

圖 6-1《Minecraft》中提供的各種工具

玩家可以根據自己的創意充分利用不同元素，建立各式建築，甚至創造
出一個小世界。在這種模式下，玩家如同造物主一般，有充足的資源和
工具，可以自由發揮想像力和創造力。

Decentraland 在經濟系統方面做得比較出色，而《Minecraft》在自由創作方面十分接近元宇宙。二者雖然並未形成真正的元宇宙，但已經展示了元宇宙的一些特徵。從這方面來看，遊戲可以說是元宇宙的雛形，藉由遊戲，我們可以更充分地理解元宇宙。

6.1.2 元宇宙成為遊戲公司的必爭之地

由於遊戲與元宇宙的相似性，遊戲領域的競爭程度越來越激烈，眾多遊戲公司紛紛佈局元宇宙。新興的遊戲公司以元宇宙為出發點，獲得了更多關注，一些實力更為強勁的遊戲公司則在元宇宙領域進行了更多探索。

2021 年 9 月，網路遊戲公司中青寶表示將推出一款帶有元宇宙性質的模擬經營類遊戲《釀酒大師》。玩家可在遊戲中釀酒並在現實生活中獲得真實的酒，同時也可以自由出售這些酒。《釀酒大師》與知名白酒品牌合作，並透過為白酒鑒定給出官方認證，能夠保證產品的真實性。隨後，湯姆貓也表示公司十分看好元宇宙，已經成立了元宇宙專案工作團隊。在此之後，中青寶、湯姆貓的股票連日暴漲，顯示了資本對於元宇宙的看好。

除了中青寶、湯姆貓等遊戲公司藉由元宇宙嶄露頭角，遊戲領域的新勢力莉莉絲也在積極佈局元宇宙。在此前近十年的發展中，莉莉絲推出了多款遊戲，如《萬國覺醒》、《劍與遠征》等，並以此獲得了巨額收入。此外，莉莉絲的持續輸出能力也十分驚人。2020 年 11 月，莉莉絲推出的新款遊戲《戰火勛章》（*Warpath*）上線後，僅 4 個月流水營收就突破了 1 億元。

強大的研發能力是莉莉絲持續發展的重要基礎，也是其征戰元宇宙的核心利器。在元宇宙概念迅速竄紅之後，與莉莉絲相對的指標遊戲平台 Roblox，正在積極研發自建 UGC 創作平臺「達芬奇」。

當前，莉莉絲已經申請了「莉莉絲達芬奇計畫遊戲編輯軟體」、「莉莉絲達芬奇計畫遊戲軟體」等兩項軟體著作權，這與 Roblox 為使用者提供的開發工具和遊戲作品分享社群十分相似。

2020 年 6 月，莉莉絲舉辦了「達芬奇計畫遊戲創作大賽」，為投入遊戲領域的開發者打造線上活動，透過遊戲作品開發課程幫助開發者開發遊戲。此外，開發者也有機會進入莉莉絲工作，獲得豐厚的獎金。從活動形式上來看，莉莉絲正在嘗試建構開發者社群生態。

無論從遊戲產品出發還是從 UGC 創作平臺出發，都表明了這些公司已經將元宇宙視為未來的發展方向。從短期來看，這些佈局能夠推動公司遊戲業務的發展；從長期來看，這些活動都是元宇宙的組成部分。未來，在元宇宙的發展中，作為形成元宇宙的重要場景，遊戲領域的競爭也會更加激烈。

6.1.3 從沙盒遊戲到元宇宙：可行的發展路徑

遊戲能夠為元宇宙提供展現空間，其中最關鍵的一點是，遊戲需要提供不斷打破邊界、不斷擴展的虛擬空間。只有這樣，才能夠滿足元宇宙的可延展性。

當前市面上有一些製作精良、版圖巨大的開放世界遊戲，能夠讓玩家沉浸在遊戲世界中自由探索，但其依然存在難以長久地為玩家帶來新鮮感

的問題。遊戲的日常維護、版圖更新等需要大量人力，這對於遊戲公司
來說無疑是一個沉重的負擔。

一個能夠容納大量玩家的遊戲想要獲得長久發展，甚至形成元宇宙生
態，就需要讓玩家成為遊戲的創作者，讓玩家可以自由地創造遊戲場
景、機制、道具等。只有這樣，遊戲才能夠擁有長久的生命力。

在這方面，可以讓玩家自由創作的沙盒遊戲為遊戲的發展提供了一種可
行方案，更能夠打造元宇宙生態。以《Minecraft》和 Roblox 為例，兩
者都是支持玩家進行創造的沙盒遊戲，玩家在這兩款遊戲中能夠創造出
很多和現實世界中的物品相像的東西。

不同的是，《Minecraft》中的場景風格是圖元風格的，相對而言，
Roblox 中的場景更具真實感，如圖 6-2 和圖 6-3 所示。

圖 6-2 《Minecraft》中的場景

圖 6-3 Roblox 中的場景

此外，在創作方面，《Minecraft》雖然支持玩家自由創作，但這種創作僅局限於《Minecraft》，且需要遵循遊戲規則。Roblox 是一個更自由的創作平臺，在 Roblox 中，玩家可以創作出新的遊戲，設計個性化的遊戲規則和道具。從這個方面來說，Roblox 更接近元宇宙形態。

正是因為沙盒遊戲滿足了元宇宙的可延展性，其才具備更多的元宇宙基因。以沙盒遊戲為基礎融入更多的元宇宙元素、展現更多的場景和空間，是發展元宇宙的可行路徑。

6.2 社群 VS 元宇宙：以虛擬社群空間探索元宇宙

人是建構元宇宙的主體，元宇宙作為一個完整的生態也會具有錯綜複雜的社會關係，因此，社群是元宇宙的主要驅動力。當前，VR 遊戲日益火紅，更多的遊戲加入了社群功能，可見，從社群領域入局元宇宙已成趨勢。

6.2.1 虛擬沉浸式社群是元宇宙的發展方向

元宇宙的發展和實現將會形成一個新的社群形態──虛擬沉浸式社群，這也成了很多企業入局元宇宙的方向。當前，很多社群產品都在借助 VR 技術，朝著沉浸式體驗發展，但真正的元宇宙社群提供給使用者的不僅是技術方面的沉浸感，還有內容體驗方面的沉浸感。那麼，元宇宙社群需要具備哪些元素呢？如圖 6-4 所示。

圖 6-4　元宇宙社群需要具備的元素

1. 沉浸式互動

元宇宙社群能夠提供給使用者沉浸式的互動體驗。在元宇宙中，使用者不再透過當前社群平臺中傳統的文字、圖片等形式進行互動，而是可以

進行即時的面對面互動，透過語言、動作等互動。同時，隨著元宇宙的發展，各種活動場所，如遊樂場、商業區等都會在元宇宙中出現，使用者可以在其中輕鬆地進行各種有趣的互動。

2. 個性化內容

個性化內容是社群的重要標籤。個性化內容能夠實現使用者的愛好，並以此聚集具有相同愛好的使用者，元宇宙中的社群會更加個性化。使用者的個性化形象、房屋的裝修風格、收藏的數位音樂等都可以展示使用者的個性。依據這些個性化元素，使用者可以建造更垂直的社群，輕鬆找到和自己志同道合的夥伴。

3. 多元化的創作者

在元宇宙中，基於場景化的虛擬社交，將誕生多樣的內容創作者，如捏臉師、裝修達人等。創作者能夠透過新的經濟模式獲得多種收益，而在這些創作者的幫助下，使用者也能夠擁有新奇有趣、高度個性化的社群資產。

2021 年 11 月初，虛擬社群元宇宙產品「虹宇宙」（Honnverse）上線，其在虛擬沉浸式社群方面做出了探索，並以上述三個元素做出了嘗試。

在沉浸式互動方面，虹宇宙用一種 3D、自訂的方法，將語音、影片等融入社群場景，使得使用者的社群趨近真實。雖然當前很多場景還未建立完畢，但虹宇宙官方透露，未來，俱樂部、商業區等現實生活中常見的場景都將在虹宇宙中實現，其將為使用者提供更多的社群場景。同時，使用者也可以將自己的房屋作為社群場所，舉辦虛擬音樂會、展覽等。

在個性化內容方面，虹宇宙支援使用者個性化訂製自身形象、裝飾房屋等。同時，使用者收藏的數位音樂、數位藝術品等都可以向其他使用者展示，以便聚集興趣愛好相同的夥伴。

在多元化的創作者方面，虹宇宙支援使用者自由創作內容，並為內容的曝光、互動等提供了多樣玩法。同時，在去中心化社群模式下，創作者的社群資產將會得到充分、安全的保障。

虹宇宙並不是十分完善的元宇宙社群產品，但其目前的嘗試體現出了對於元宇宙社群的期待和嚮往。社群不是元宇宙唯一的應用場景，但會為元宇宙落地提供肥沃的土壤。

未來，隨著更完備、更成熟的元宇宙社群產品的出現和融合，將會形成更加真實、與現實結合更加緊密的元宇宙社群生態。科幻美劇《上傳天地》就對未來的元宇宙社群進行了描繪，展現了超強的社群想像力。在劇中，元宇宙中的人不僅可以和同在元宇宙中的其他人社交，還能透過全像投影的方式和現實世界中的人社交。同時，元宇宙中形成了完善的經濟體系，人們在元宇宙中創造的財富也會和現實世界中的財富綁定，甚至元宇宙內部形成了和現實社會相似的社會階層。

這部美劇對於元宇宙的想像顯示了元宇宙社群的發展趨勢。未來，元宇宙社群並不單純是線上的虛擬沉浸式社群，還會從虛擬走向現實，最終形成虛擬社群關係與現實社群關係相融合的、更為複雜的元宇宙社群。

6.2.2 虛擬社群圈粉無數，提供多樣社群新玩法

在元宇宙流行的趨勢下，一些 VR 社群應用站上風口，重新獲得了資本方的青睞。2021 年 6 月，VR 社群平臺 VRChat 獲得了 8000 萬美元的 D 輪融資，其將利用這筆融資擴充團隊、優化平臺服務，為更多使用者提供元宇宙社群體驗。

VRChat 為使用者打造了一個虛擬社群空間，使用者可以自行建立虛擬形象和聊天室，和來自世界各地的其他使用者聊天、上課、玩遊戲等。甚至借助全身追蹤裝置，使用者還可以在虛擬世界中鬥舞，如圖 6-5 所示。

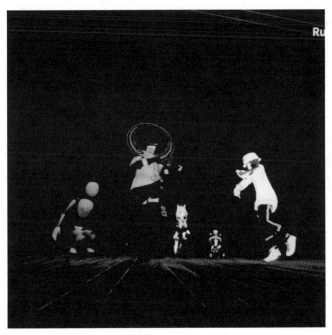

圖 6-5 使用者在 VRChat 中鬥舞

作為一款深受使用者喜愛的 VR 社群應用，VRChat 常年佔據 Steam 和 Oculus Rift 商店榜首，同時線上人數突破 2.4 萬人。VRChat 為什麼會如此熱門？主要原因在於 VRChat 沉浸式的虛擬社群場景為使用者提供了多樣、新奇的虛擬社群體驗。

卡通形象的虛擬化身是 VRChat 的最主要功能之一，使用者可以自由建立自己的虛擬形象，甚至在虛擬世界中扮演自己的虛擬偶像。同時，使用者可以以此虛擬化身和其他人進行互動，甚至可以觸碰其他的虛擬化身。

虛擬空間打破了現實中的地域限制，在這裡，我們可以遇到來自各個國家的人，和他們交流、玩遊戲。同時，VRChat 中的不同場景都有相應的標籤，如中文吧、英語角等，使用者可以自由選擇自己想要進入的場景。

作為眾多年輕英語角的聚集地，VRChat 中有許許多多有趣的靈魂。有特別喜歡聊天的話匣子、喜歡發呆的透明玩家、喜歡在虛擬世界中看動漫的宅男，甚至有在 VRChat 中睡覺的重度玩家。這些形形色色的人構成了 VRChat 中另類的風景，形成了自由開放的社區氛圍。

此外，VRChat 具有和元宇宙相似的延展性，支持使用者自訂遊戲和虛擬世界。使用者可以根據自己的虛擬身份創造新的虛擬世界，並向其他使用者開放。這意味著，VRChat 的使用者可以不斷探索新事物。

由於虛擬身份和創作上的自由性、社群體驗的多樣性和沉浸感，VRChat 圈粉無數，並在使用者的共創中產生了多樣的社群玩法。由此看來，VRChat 已經建立了元宇宙社群生態的雛形，未來在更多使用者的創作下，VRChat 也將獲得更好的發展。

6.2.3 Meta 推出 VR 社群平臺，更深入探索

提到元宇宙社群，就不得不提在這一領域動作不斷的 Meta。自更名之後，Meta 致力於元宇宙，除了在硬體方面的佈局，在元宇宙社群應用方面，Meta 也推出了自己的 VR 社群平臺 Horizon Worlds，深化了其在元宇宙領域的佈局。祖克柏曾表示，Horizon Worlds 將於建立更廣泛跨越 VR/AR 的元宇宙方面發揮重要作用。

在 Horizon Worlds 中，使用者在建立自己的虛擬化身後，就可以透過傳送門前往各個虛擬場景，和其他使用者體驗多樣的遊戲，參加以繪畫、高爾夫等為主題的聚會。除了體驗不同的場景，使用者也可以創造自己的世界。Horizon Worlds 為使用者提供了多樣的創作工具，使用者可以借助這些工具和其他使用者合作共創並分享建立進度。

憑著先進的 VR 技術，Horizon Worlds 能夠辨識使用者的表情和手勢，使虛擬化身的表情、動作更加自然，帶給使用者更高度的沉浸感。同時，為了強化社群功能，Horizon Worlds 推出了發現附近好友、申請加好友等社群功能，便於使用者在虛擬世界中結交朋友。

建立元宇宙需要大量的內容作為支撐，對於元宇宙社群來說同樣如此。為了刺激 Horizon Worlds 中的內容創作，2021 年 10 月，Meta 宣佈將推出 1000 萬美元的創作者基金，鼓勵使用者創作內容。

為了豐富 Horizon Worlds 中的內容，Meta 制定了相關的創作激勵計畫、資金獎勵機制。並且，Meta 表示將在未來舉辦一系列創作比賽，豐富 Horizon Worlds 的世界。當前，Horizon Worlds 已經實施了創作者激勵計畫，幫助使用者學習使用該平臺的創作工具並在虛擬世界中進行創

作。在第一階段的激勵專案結束後，參與該計畫的創作者已經在數百個虛擬世界完成了創作。

此外，Horizon Worlds 還不斷對平臺上的工具進行升級和簡化，便於使用者創作。自 Horizon Worlds 推出至今，其創作內容的過程變得越來越簡單、快速，使用者規模也不斷擴大。

Meta 在社群元宇宙方面的探索很好地發揮了其 VR 技術和使用者優勢。Horizon Worlds 在繼承 Meta 優良社群基因的基礎上，也會不斷加快進入元宇宙的腳步。

虛擬數位人：向元宇宙「遷徙」的數位人類

在小說《潰雪》中，有一個概念伴隨元宇宙誕生，那就是「虛擬化身」。想要進入元宇宙，人們就需要借助虛擬化身，而這個虛擬化身就是虛擬數位人。事實上，伴隨著元宇宙的興起，虛擬數位人也得到了廣泛關注，並已經以虛擬偶像、虛擬員工等身份出現在娛樂、金融、教育等行業中。當前，虛擬數位人與現實世界的聯繫越來越緊密，而在未來，虛擬數位人將作為我們的虛擬化身徜徉在元宇宙中。

7.1 虛擬數位人是元宇宙中的原住民

人們需要以虛擬數位人的身份存在於元宇宙中，虛擬數位人就是元宇宙中的原住民。從二次元到超寫實，虛擬數位人技術逐漸走向成熟，並帶給人們更多的真實感。

7.1.1 虛擬數位人是數位化表現的「人」

2021 年 8 月，科幻電影《脫稿玩家》一上映就迅速竄紅，自上映以來連續 5 天榮登單日票房榜首。逼真的人物形象、在遊戲與現實中自由穿梭、曲折有趣的故事情節等種種元素相融合，讓觀眾大呼精彩的同時又回味無窮。

除去電影本身，《脫稿玩家》爆紅的原因還在於其展示了一種關於元宇宙的想像。《脫稿玩家》中的元宇宙，不僅有人的虛擬化身，還有自由生長的 NPC。這些虛擬數位人是電影中「自由城」的原住民，也是元宇宙的原住民。

自從元宇宙的概念盛行之後，與其相關的虛擬數位人概念也頻頻出現。例如，2021 年 10 月，聯通線上沃音樂推出了虛擬數位人安未希（如圖 7-1 所示），獲得了廣泛關注。

安未希搭載了虛擬數位人創作系統，融合了 AI 表演動畫技術、即時動作捕捉技術等，能夠進行創作和表演，展示多樣化的內容。虛擬數位人在吸引人們目光的同時，也引發了許多思考。

圖 7-1　虛擬數位人安未希

那麼，什麼是虛擬數位人？虛擬數位人指的是具有數位化外形的虛擬人，其通常具有三個特徵，如圖 7-2 所示。

人的外觀

具有特定的外貌、性別、個性等

人的行為

可以用語言、表情、動作等表達

人的思維

可以辨識環境、與人互動等

圖 7-2　虛擬數位人的特徵

總之，虛擬數位人是一種數位化表現的「人」，是透過數位化技術打造出的具有虛擬形態的虛擬人。借助 CG（Computer Graphics，電腦繪圖）、動作捕捉等技術可以打造真實人類的「數位孿生兄弟」。同時，AI能夠賦予虛擬數位人思考能力和學習能力，使其表情、動作自然，並能夠根據接收到的語言、動作回饋即時做出反應。

虛擬數位人是人們進入元宇宙的通行證。藉由虛擬數位人技術,我們不僅有了進入元宇宙的虛擬化身,還可以自由改變虛擬形象、性別等,以全新的身份在元宇宙中體驗不一樣的人生。

7.1.2 從二次元到超寫實,虛擬數位人走向現實

提及虛擬數位人,很多人都會想到初音未來、洛天依等虛擬偶像。的確,在虛擬數位人還未廣泛出現在大眾眼前時,虛擬偶像是虛擬數位人主流的表現方式。

日本推出的虛擬偶像初音未來自誕生之時就深受粉絲喜愛,這讓虛擬數位人進入了更多人的視野中。初音未來是二次元風格的少女形象,如圖7-3 所示。

圖 7-3 初音未來

這個梳著綠色雙馬尾、身著公式服的虛擬形象是基於 VOCALOID（電子音樂製作語音合成軟體）存在的。其將聲優的聲音錄進音源資料庫，創作者只需要輸入歌詞和旋律，就能夠借初音未來的聲音形成歌曲。換句話説，初音未來本身並不具備創作能力，其歌曲是粉絲創作的。

之後很長一段時間內，隨著虛擬數位人技術的發展，3D 建模、AI 深度學習、情緒辨識等多種技術開始應用於虛擬數位人的製作，並由此產生了更加智慧的 AI 虛擬數位人。

2021 年 9 月，清華大學以一段短影片推出了原創虛擬學生華智冰，如圖 7-4 所示。

圖 7-4　虛擬學生華智冰

在影片中，華智冰時而漫步於校園的街道、博物館，時而在草坪邊認真閱讀，行為舉止酷似真人。網友也大受震撼，紛紛在評論區留言「好真實啊」、「這真的不是真人嗎」。除了外表酷似真人，華智冰的智商也非常高。她可以思考，可以和人們交流互動，甚至可以和人們一起玩劇本殺。

華智冰的智慧源於其配備的智慧模型「悟道 2.0」，它可以在上萬個 CPU（Central Processing Unit，中央處理器）上對大量資料進行人工智慧預訓練，提供強大的智力支援。在它的支持下，華智冰能夠像真人一樣思考。同時，在持續的思維訓練中，華智冰會變得越來越智慧，可以學習精深的電腦知識，甚至進行相關創作。

當前，華智冰已經作為清華大學的學生開啟了研究生生涯。未來，學業有成之後，華智冰或許可以和真人一樣進行科學研究，成為一名出色的科研人員。

華智冰的出現顯示了虛擬數位人從二次元到超寫實的一種進步，虛擬數位人不再只是以二次元形象存在於虛擬世界中，而是可以以超寫實的形象出現在現實世界，可以和人們共同生活和工作。虛擬數位人技術在不斷發展中打破了次元壁，讓虛擬數位人從二次元走進了現實世界。

未來，隨著虛擬數位人技術的進步和應用，將會有更多超寫實的虛擬數位人進入現實世界。他們可能是新一代的虛擬偶像，也可能是我們的同學、同事。虛擬數位人與現實世界的融合，將會形成一個亦真亦幻的奇妙世界。

7.2 虛擬數位人融入現實世界已是常態

當我們打開電視時，可能會看到虛擬偶像登臺演出；當我們去銀行辦理
業務時，為我們服務的可能是虛擬員工；當我們在觀看購物直播時，直
播中的主播也可能是虛擬主播。當前，虛擬數位人已經以多種身份滲透
多個領域，廣泛地融入了我們的生活。

7.2.1 虛擬偶像：迅速走紅，引發市場追捧

2021 年 7 月，BML-VR（bilibili 推出的全像演唱會品牌）2021 順利舉
行，bilibili 的當家花旦洛天依閃亮登場，演唱了《萬分之一的光》、《香
草茶與黑咖啡》等歌曲，引發了數千萬觀眾的歡呼，如圖 7-5 所示。

圖 7-5　洛天依登臺獻唱

在演唱會現場，觀眾隨著音樂揮舞著螢光棒，為臺上的偶像歡呼，而人們所追逐的偶像，就是舞臺中那道「縹緲」的全像影像。作為知名的虛擬偶像，洛天依紅透半片天，閱聽眾也不只局限於二次元使用者。洛天依曾與京劇名家合作演繹《但願人長久》，與琵琶大師合作演出歌曲《茉莉花》，與當紅明星合作表演歌舞《聽我說》等。此外，洛天依還成了多家品牌的代言人，並走進了品牌導購的直播間。

除了洛天依等老牌虛擬偶像陸續走紅，新興的虛擬偶像也不斷湧現，得到了更多關注。2021 年 10 月 31 日萬聖夜，一個新的虛擬數位人橫空出世，憑藉一則短影片，在一天內吸引了超過百萬名粉絲，她就是柳夜熙，如圖 7-6 所示。

圖 7-6 柳夜熙

2 分多鐘的短片情境十足，將柳夜熙的性格、人設，以及捉妖世界觀充分表現了出來。故事一開始，正在化妝的柳夜熙吸引了圍觀的人群，在眾人的議論紛紛中，只有一個大膽的小男孩勇敢地走上前詢問柳夜熙是誰，而突然出現的鬼怪將故事拉向了高潮，隨後柳夜熙猛然出手，將鬼怪收服後淡然回眸：「我叫柳夜熙。」

整個故事不僅劇情完整，還突出了柳夜熙淡然的性格和捉妖的能力。從造型到人設，柳夜熙都與當下流行的二次元虛擬偶像及時尚的虛擬網紅大相逕庭。她的出現展示了虛擬數位人的另一種可能，也展示出了更吸引眾人目光的能力。

首先，雖然市場中已經出現了不少超寫實的虛擬數位人，但其展示方式仍以靜態圖片為主，即使有一些動態影片，虛擬數位人的表情也並不豐富。在這方面，柳夜熙有了很大突破：其宣傳短片設計、打造了一個人與鬼怪並存的玄幻虛擬世界，柳夜熙生動鮮活地生存於這個世界中。這樣豐富的人物塑造展現了柳夜熙的潛力。

其次，故事性極強的短片不只是柳夜熙的亮相短片，也能夠作為可以無限發展的系列故事劇集的開始。這使得柳夜熙可以跨越兩個領域：虛擬數位人領域和微電影故事領域。而微電影故事又迎合了抖音、快手等短影片平臺的發展，未來，在更多、更精妙的微電影故事的支持下，柳夜熙將在短影片平臺獲得更大的曝光量。

最後，從盈利的角度來說，為虛擬數位人設定一種盈利模式是十分重要的。而柳夜熙在產生之時就已經鎖定了一個跑道：以美妝達人征戰美妝領域。這意味著柳夜熙有十分鮮明的商業化跑道準備及穩定的發展方向。

正是因為實現了以上幾個方面的突破，柳夜熙才更容易於短時間內吸粉無數。而這也意味著虛擬數位人步入「人設 + 故事 + 產業」新的里程碑。

7.2.2 虛擬員工：融入多領域，提供多元服務

在數位化發展的趨勢下，很多企業為了推動數位化轉型，紛紛將虛擬數位人作為虛擬員工導入工作場景中，為客戶提供多樣的智慧服務。

虛擬員工可以在多樣的場景中完成各種工作。例如，在大型商場、酒店中，虛擬員工可以提供諮詢和指引服務；在銀行、行政大樓中，虛擬員工可以協助客戶辦理各種業務。此前由人工完成的多種工作，都可以交給虛擬員工，在降低人工成本的同時也能夠提高工作效率。

虛擬員工的應用並不是一種想像，當前，很多虛擬員工已經正式上崗了。浦發銀行和百度聯手推出了銀行虛擬員工小浦，如圖 7-7 所示。

圖 7-7 虛擬員工小浦

小浦無疑是一名出色的員工。她可以自然地和客戶聊天、了解客戶需求、對客戶進行風險評估，並有針對性地向其推薦理財產品。依靠 AI 技術，小浦學習了大量的金融知識，能夠在工作中展現出強大的智慧和專業。

除了高效地完成日常工作，虛擬員工還可以變成虛擬偶像，為自己的企業代言。例如，屈臣氏推出了一位虛擬員工屈晨曦，並宣佈其為自身品牌的代言人，如圖 7-8 所示。

圖 7-8 屈晨曦

作為一名出色的虛擬員工，屈晨曦能夠和人們聊天，為人們提供專業、個性化的諮詢建議。同時，屈晨曦積極切入直播導購跑道，攜手薇婭等主播，透過直播一次次地提升產品銷量。對於屈晨曦未來的發展，屈臣氏表示其會長久地處於成長學習的階段，未來，屈晨曦如何發展將由粉絲決定的。由此可以看出，屈臣氏將屈晨曦設定成一位「養成型」的虛擬偶像，其會基於粉絲的需求進化、成長。

總之，虛擬員工不僅是工作小幫手，還可以成為企業的代言人，成為虛擬偶像。以虛擬數位人作為企業代言人，能夠展現年輕化的企業形象，更容易獲得年輕族群的青睞。

7.2.3 虛擬主播：短影片、直播導購樣樣精通

在電商領域，頻繁出現的虛擬數位人有了一種新的身份——虛擬主播。淘寶直播曾進行了多場有虛擬偶像參與的導購直播。虛擬偶像洛天依與「淘寶一哥」李佳琦攜手直播的消息甚至一度登上微博熱搜，虛擬主播直播導購成了當下的行銷關鍵字。虛擬主播的流量和導購能力完全不輸真人主播，在很大程度上豐富了電商直播內容。

虛擬數位人出現在電商領域體現了電商直播對主播的新需求。在直播導購領域激烈的競爭中，虛擬主播更能聚焦消費能力強勁、追求新體驗的年輕消費族群。此外，相比於真人主播，虛擬主播更具穩定性和持續性，能夠實現全天候直播。

目前，很多主播都在孵化自有虛擬主播。自然堂、完美日記等品牌都推出了自己的虛擬主播，為了讓其形象更加真實，這些品牌還設定了虛擬主播的名字、個性等。

完美日記推出了一個活潑可愛的虛擬主播 Stella，她會在真人主播下班後上崗，肩負起夜晚直播的重任。當有新的觀眾進入直播間時，Stella會愉快地和觀眾打招呼：「歡迎寶寶，新來的寶寶幫我點個關注哦。」而在直播中，Stella 也顯得十分專業，她會詳細介紹商店的產品，以及產品的質地、價格等，同時還會提醒觀眾領取優惠券、購物津貼等。

為什麼眾多企業開始青睞虛擬主播？很多潮牌的閱聽眾都是年輕使用者，他們對虛擬主播有較高的認同度，同時夜間也是諸多「熬夜族群」高度活躍的時間。虛擬主播能夠發揮其不間斷直播的優勢，在真人主播下班後繼續直播，以吸引活躍於夜間的消費者。

在越來越多虛擬偶像走進直播間，越來越多企業推出虛擬主播的情況下，虛擬數位人將會被更廣泛地應用於電商領域。虛擬主播擁有自身的直播優勢，能夠彌補真人直播的不足，實現企業的全天候直播。從這些優勢和趨勢來看，虛擬主播將在未來得到進一步的發展。

7.3　聚集目光，眾多企業不斷加碼

當下，虛擬數位人在元宇宙的爆發中快速發展，引得眾多企業紛紛佈局。百度、網易、愛奇藝等紛紛湧入虛擬數位人跑道，瞄準虛擬數位人這一細分領域，向元宇宙進發。

7.3.1　百度：憑著 AI 實力，推出 AI 虛擬主持人

「大家好，我是虛擬主持人曉央。今天為大家請來了參與三星堆遺址挖掘的青年考古工作者，一起去聽他們說說三星堆的那些故事。」2021 年 5 月，在中央廣播電視臺節目中，虛擬主持人曉央驚豔亮相，完成了一場精彩的主持，如圖 7-9 所示。

圖 7-9 虛擬主持人曉央

曉央來自百度，是百度智慧雲平臺推出的虛擬主持人。在主持的過程中，曉央語言流暢、動作自然，主持水準不輸真人。曉央的出色表現展現了百度智慧雲的 AI 優勢。

在形象方面，百度智慧雲採用了電影級的 3D 製作技術，使虛擬數位人更加真實和美觀。在此基礎上，百度智慧雲團隊基於對大量臉部特徵、表情、體態的研究，總結出了不同虛擬數位人的人設和形象規範，能夠針對不同的客戶需求有針對性地設計虛擬數位人。

在行為方面，百度智慧雲借助 AI 技術進行了長期的人像驅動綁定調整，實現了精準的臉部預測，提升了虛擬數位人口型生成的準確度，使虛擬數位人表情更生動、動作更自然。

在應用場景方面，百度智慧雲推出的虛擬數位人支援文件驅動、語音驅動、真人驅動等，大大降低了虛擬數位人的使用門檻和成本。這使虛擬數位人能夠在金融、媒體等行業實現更廣泛的應用。

2021 年年初，百度研究院基於對未來的科技預測，表示虛擬數位人將大量出現並在更多方面服務於我們的生活。百度智慧雲也推出了虛擬數位人營業平臺，將結合其 AI 能力，為客戶提供低成本、高品質的虛擬數位人內容生產服務，說明更多企業建立、經營自己的虛擬代言人。

7.3.2 網易：聚焦遊戲和教育，探索更多應用場景

在遊戲中，NPC 是觸發遊戲劇情的重要道具，當玩家以自身虛擬化身觸碰 NPC 時，就會觸發遊戲接下來的劇情。為了豐富玩家體驗，很多遊戲都會設置大量的 NPC，但這些 NPC 並不具備智慧性。例如，當玩家每天都和一個 NPC 打招呼時，對方可能每天都會說同樣的話。

這種僵硬的設定並不能滿足玩家對遊戲的更高要求，他們希望 NPC 能像遊戲中的朋友一樣，有鮮明的個性，同時能夠和玩家進行個性化、更自然的互動。

針對這一需求，網易伏羲實驗室在《倩女幽魂》手遊中推出了具備 AI 能力的虛擬角色阿初，如圖 7-10 所示。

圖 7-10 虛擬角色阿初

阿初基於 AI 產生行為並與玩家對話，能夠隨時和玩家互動，舉止更加自然、靈活。在和玩家交流的過程中，阿初會根據對話內容自然地變換表情和動作，帶給玩家更強的真實感。同時，阿初還可以模擬人的認知能力，能夠和玩家進行情感互動，回應玩家的情感。

阿初是網易伏羲實驗室的代表作。網易伏羲實驗室借助 3D 建模、表情和動作遷移等技術，推出了完整的虛擬數位人打造方案。除了將虛擬數位人導入遊戲，網易伏羲實驗室還在教育方面進行了探索，推出了虛擬學伴可可，如圖 7-11 所示。

除了線上陪伴學生學習，可可還成功走到了線下，創新了虛擬數位人在教育領域的應用。2021 年 2 月，可可在 2021 年世界行動通訊大會上亮相，觀眾藉著智慧裝置能夠和可可面對面交流。同時，網易伏羲實驗室更推出了「可可小課堂」，觀眾可以在和可可的互動中了解有關節日的小知識。可可不僅是學生學習的好夥伴，還可以進行科普教學。

圖 7-11　虛擬學伴可可

網易伏羲實驗室對於虛擬數位人的探索讓我們看到了其應用的更多可能。或許未來某一天，我們可以在虛擬世界裡和虛擬數位人交朋友，或者在更專業的虛擬老師的指導下學習。甚至，當元宇宙進一步成熟，可以展示更豐富的虛擬場景、產生更智慧的虛擬數位人時，我們可以在虛擬老師的帶領下「穿越」到消失的龐貝古城中，探索歷史的奧秘；飛躍到遙遠的太空中，領略宇宙的浩瀚。在元宇宙和虛擬數位人的發展下，一切皆有可能。

7.3.3 愛奇藝：聚焦娛樂，推出虛擬樂隊 RICH BOOM

2021 年 4 月，蒙牛隨變冰淇淋公佈了其新的代言人——虛擬樂隊 RICH BOOM，如圖 7-12 所示。這個陪伴 90 後成長的美食，將以這個極具個性的虛擬樂隊展示自己的態度和青春活力。

RICH BOOM 是愛奇藝推出的原創虛擬樂隊，包括主唱 K-ONE、吉他手兼 Rapper 胖虎、女鼓手 RAINBOW、小個子貝斯手 PAPA、DJ 機器人 P-2 和音樂製作人 Producer C。

圖 7-12 RICH BOOM

聚焦娛樂領域推出虛擬樂隊展現了愛奇藝在娛樂領域的優勢。憑藉強大的內容資源，愛奇藝迅速提升了 RICH BOOM 的曝光率。在「愛奇藝

尖叫之夜」舞臺上，RICH BOOM 以全像方式驚豔亮相，給觀眾帶來了另類的視聽驚喜。此後，RICH BOOM 開始在愛奇藝各大自製節目中串場，登上了《樂隊的夏天》、《中國新說唱》等多個節目。在不斷曝光和演出中，RICH BOOM 累積了大量粉絲，逐漸成長為更具商業價值的虛擬偶像團體。

RICH BOOM 也為愛奇藝帶來了可觀的回報，其可以像真人明星一樣拍攝雜誌封面、聯名服裝品牌，為農夫山泉、蒙牛等品牌代言，為電視劇、綜藝節目等演唱主題曲。幾乎所有能夠在真人明星上實現的變現途徑，都可以在 RICH BOOM 中復刻。

同時，相比真人明星而言，RICH BOOM 避免了人設翻車的風險，同時在確定了最初的人設後，RICH BOOM 也可以在今後的成長中不斷豐富、細化人設，形成更具擬人化的個性表達。RICH BOOM 能夠繼承粉絲的美好信念，與粉絲進行情感互動，從而形成穩固、安全的信任關係，這在粉絲經濟時代是十分重要的。

愛奇藝佈局 RICH BOOM 並不只是著眼於將其打造為虛擬偶像團體，而是希望在不斷宣傳、推廣中形成穩固的 IP。圍繞 RICH BOOM 這一 IP，愛奇藝不僅會推出優質的音樂，還將推出 IP 衍生的動畫、遊戲和周邊產品等，實現 IP 價值的最大化，並進行變現。

在虛擬數位人的佈局方面，愛奇藝已經打通了虛擬數位人製作、行銷、變現的整個流程，而 RICH BOOM 的成功運作也彰顯了愛奇藝在虛擬數位人打造、運作方面的能力。在這一趨勢的引領下，未來可能會出現更多的原創虛擬偶像，娛樂行業也將大放異彩。

Part 3
展望篇

融合互動：元宇宙與
現實世界的碰撞

元宇宙是脫胎於現實世界的虛擬世界，與現實世界相互影
響。隨著技術的發展，元宇宙與現實世界的邊界將更加
模糊。如今，在我們的生活中，資訊化商品隨處可見，如車
站的看板、用手機購買的電子票券、外賣等，這些生活場景
的改變表明，元宇宙與現實世界在不斷碰撞，拓展著人們的
認知邊界。相信在不久的將來，元宇宙會成為與現實世界一
樣甚至更完善的平行宇宙，那時，人們除了飲食、睡覺，可
以在元宇宙中做任何事。

8.1 多平臺向統一平臺演進

目前許多大型網際網路公司，如微軟、騰訊、字節跳動等都在佈局元宇宙相關產業。例如，騰訊提出「全真互聯網」的概念並投資了 Roblox 的專案，字節跳動投資了代碼乾坤，微軟研發了 AR/VR 硬體裝置等。

然而，這些公司目前僅停留在獨立探索的階段，我們並不能真正將這些投入稱為元宇宙。隨著 AI、物聯網等創新技術的發展，這些獨立的虛擬平臺會逐漸走向統一，在一定機制下實現網路互通。人們可以在一個平臺上使用各個公司的服務，而這個統一平臺才是真正的元宇宙。

8.1.1 元宇宙與現實世界高度互通

2020 年，疫情給社會的發展帶來了巨大衝擊。在現實世界中，受到疫情的影響，人們外出不便，虛擬世界由此得到了發展。線上辦公、零接觸配送、無人超市等走進了人們的視野，一些人們認為必須在現實世界才能進行的工作，被輕而易舉地搬到了線上。這也讓人們意識到，生活的數位化過程正在加快，元宇宙與現實世界會逐漸高度互通。

過去的幾十年，虛擬內容不斷革新呈現方式，與現實世界的結合也更加密切。例如，《魔獸世界》等網路遊戲建構的 3D 虛擬世界，《精靈寶可夢》AR 模式中虛擬與現實相結合的遊戲方式，《動物森友會》的虛擬社群，初音未來等虛擬人物的線下演唱會等。

越來越多的現實場景被數位化，且隨著 3D 引擎、UGC 工具、虛擬人、成像與動作捕捉等技術的發展，線下場景數位化趨勢將更加明顯，元宇

宙也將初見雛形。受到疫情的影響，加利福尼亞大學柏克萊分校將畢業
典禮搬到了《Minecraft》，100 多名學生、校友在遊戲中複製了整個校
園，建立了 100 多棟建築物。這個虛擬的畢業典禮並沒有偷工減料，完
整包含了校長致辭、學位授予、拋禮帽等現實世界畢業典禮的環節，如
圖 8-1 所示。

圖 8-1　加利福尼亞大學柏克萊分校的虛擬畢業典禮

除了娛樂和社群領域，元宇宙在製造和工業領域也得到了應用和發展。
截至 2021 年上半年，中國建立的 5G+ 工業互聯網計畫接近 1600 個，涵
蓋 20 餘個重要行業，且 5G+ 工業互聯網正在從鋼鐵、港口、航空等行
業向製造業全行業延伸。

BMW 和 NVIDIA 合作打造了數位工廠，利用數位孿生技術，把數位工
廠中的軟體和 AI 應用到真實的工廠中，提高了規劃、組裝、整車製造
等階段的工作效率，甚至可以做到每 56 秒生產一輛汽車。

2020 年年底，馬化騰曾說過：「全真互聯網是騰訊下一個必須打贏的
戰役。」此外，許多科技巨頭都在瞄準元宇宙，可見元宇宙確實大有可

為。未來，元宇宙會將虛擬世界與現實世界徹底打通，人們的生活將出現顛覆性改變。也許在不久的將來，科幻電影中的許多橋段都會成為現實。

8.1.2 逐步發展，多平臺演變為統一平臺

人們認為，遊戲行業最有可能實現元宇宙，因為遊戲本身就立起的虛擬場景及玩家的虛擬身份給元宇宙的發展提供了肥沃的土壤。如今，許多遊戲也在不斷拓展新功能，這些功能不再僅限於遊戲世界，而是「打破次元」，承擔了其他場景的工作。全球頂級 AI 學術會議 ACAI（International Conference on Algorithms，Computing and Artificial Intelligence，演算法、計算和人工智慧國際會議），曾把 2020 年的研討會舉辦在《動物森友會》這款遊戲中。在會議開始前，所有參與者飛到主持人所在的小島上，進入主持人的房屋進行演講準備。場地位於主持人房屋的地下室，會場已經提前佈置好了椅子、講臺和筆記型電腦，演講者可以依序發言，如圖 8-2 所示。

圖 8-2 ACAI 虛擬會議現場

除了學術會議，很多人也把線下聚會搬到了遊戲中，一些家長在《Minecraft》中為孩子舉辦了生日派對，一些玩家會在《動物森友會》中釣魚、抓蝴蝶，串門子也成了很多人的日常社群活動，遊戲和生活的邊界正在漸漸模糊。

根據 Pulsar 分析，元宇宙由虛擬世界、電子商務、去中心化技術、社群媒體四部分構成。未來，元宇宙將會經歷兩個階段：第一階段，一些科技公司先做出自己的虛擬平臺，這些平臺會獨立存在；第二階段，隨著技術的發展，彼此獨立的虛擬平臺將被一套系統串聯起來，組成一個統一的平臺，真正的元宇宙也就出現了。

8.2 虛擬世界與現實世界的界線更加模糊

5G 的出現給許多創新技術的發展踩了「油門」，其中更流暢的網路環境極大地增加了 VR 的真實感，而在 VR 逐漸普及的過程中，虛擬世界與現實世界的界線也將越來越模糊。

8.2.1 虛擬服務多樣化，開啟智慧生活

從一維、二維技術發展到現在的三維技術，生活中的三維影像越來越真實。近些年拍攝的 3D 電影令人震撼，一些 3D 遊戲讓人產生身臨其境的感覺。網際網路一直向更高的層次發展，人們堅信，未來不止於此，預測分析、AI 等技術會逐漸與視覺化結合在一起，呈現出更加多樣化的元宇宙，如圖 8-3 所示。

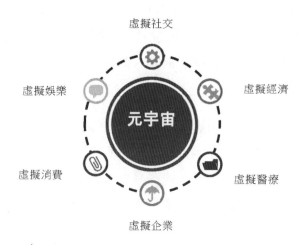

圖 8-3 未來多樣化的元宇宙

元宇宙將會完美融合開放性與封閉性,未來龍頭平臺可能存在,但不會一家獨大,就像 iOS 和安卓可以共存一樣,這種平衡可能是自願追求的,也可能是政府強制要求的。因此,未來的元宇宙極有可能是一個開放與封閉共存的體系,大平臺有機會整合小平臺,小平臺有機會膨脹,不同風格、不同領域的平臺將組成更大的平臺。人們的生活方式、生產模式、組織形式等會因此被重建。這個新出現的虛擬世界會成為第二個超級市場,除了一些早早入局的巨頭公司,新的創業公司也將在細分領域不斷湧現。

在這樣的發展趨勢下,元宇宙會逐漸融合至所有行業,人們能享受到越來越多的虛擬服務,開啟智慧生活,如表 8-1 所示。

表 8-1 社會各個領域的元宇宙化

遊戲	遊戲製作和發佈環境虛擬化	金融	金融產品多元化，如 NFT 的應用
會展	虛擬會展佈置、虛擬會議組織等	教育	VR/AR/MR 等技術的全面應用，教學工具更加豐富
商業服務	透過虛擬仲介進行房屋交易	零售	在虛擬商店進行消費
體育	虛實共生的健身活動	廣告	在元宇宙中製作、發佈、代理廣告
娛樂	在虛擬場景和朋友互動、唱歌等	旅遊	在虛擬世界體驗旅遊活動

在社會各個領域的元宇宙化中，經濟體系、沉浸感、社群關係將發生改變。以前只能在現實世界中享受的服務，在虛擬世界中也能享受了。

一方面，元宇宙強化現實世界的多個領域，將現有商業模式進行虛擬化創新，推動產業升級，利用新技術開發出新商業模式、新客戶和新市場。例如，利用區塊鏈技術打破原有的身份區隔，建立新的經濟系統。

另一方面，現實世界的各個領域與元宇宙融合發展，將會釋放新的活力。一些發展遭遇瓶頸、缺乏資源、週期性明顯、輕資產的行業可能會找到新的發展路徑，再次走入大眾視野，解除生存危機。

8.2.2 由實到虛 + 從虛到實，為使用者提供更優質的體驗

史蒂芬森的科幻小說《潰雪》，曾描述了人類透過數位化身在一個虛擬空間生活的場景，並將這種超脫現實世界獨立運作的虛擬空間稱為元宇宙。曾經那些只存在於科幻小說的情節，如今已有部分照進了現實。

現在的元宇宙被定義為在傳統網路世界的基礎上，伴隨多種數位技術，創造不僅映射於現實世界又獨立於現實世界的虛擬世界。元宇宙並不是一個單純的虛擬空間，而是一個永續的、涵蓋層面廣泛的虛擬實境系統。系統中既有源於現實世界的數位化產物，又有完全來自虛擬世界的產物。也就是說，使用者可以在另一個世界活出另一個自己。

由於元宇宙高度沉浸感的特徵，VR/AR 裝置成為實現元宇宙的必備硬體。影創科技董事長孫立說過：「VR/AR 是通往元宇宙的關鍵介面，VR/AR 與元宇宙的關係就如同手機之於網際網路。」可見，想真正打通虛擬世界與現實世界，讓現實世界的場景在虛擬世界中呈現，讓虛擬世界的場景在現實世界中呈現，都需要升級硬體設備。

現階段，VR 裝置僅在遊戲領域得到廣泛應用。如果融合 VR 與 AR，就能催生許多新的應用場景，可以讓 VR/AR 裝置真正成為生產力工具，應用於生活、工作中的各個領域。

湖南一家從事有色金屬壓延加工的鋼廠受疫情的影響，遠在德國和奧地利的技術人員無法在現場進行技術指導。於是，該鋼廠運用「VR+5G」進行跨國遠端指導，完成了裝配任務。隨著技術的發展，這樣的跨區域協作還會越來越多。

在 Connect 2021 大會上，Facebook 表示，2022 年其將推出一款短焦 VR 一體機，這個一體機將採用 Pancake 光學技術，擁有彩色透視功能。在 AR 與 VR 融合之下，Pancake VR 問世，意味著 VR 裝置不再只是遊戲機，而將演變為生產力工具，可以應用到辦公、會議等場景，普及程度將會大大提升。這雖然是發展元宇宙較為淺顯的應用方式，但為社會和公司的運作模式提供了新的可能性。

未來，公司也許不再需要辦公室，員工可能來自全國，甚至全球，員工也不必聚集在某一個區域辦公。產品的生產完全可以在一個虛擬的空間中完成，不再受物理位置的限制。

在 AR/VR 等技術的加持下，使用者與虛擬世界的互動體驗也會越來越真實。例如，利用行動電商 App 得物的 AR 虛擬試鞋功能，使用者只需挑選自己喜歡的款式，點選「AR 試穿」就可以看到鞋子上腳的效果，免去了線下試鞋的麻煩。

當前 VR 裝置存在畫質粗糙、體驗欠佳、內容體量小、可玩度不高等問題，與滿足元宇宙的需求仍有較大差距。但隨著技術的優化，裝置的傳輸品質、傳輸效率會越來越高，那時，也許電影《一級玩家》中高度真實的元宇宙世界就能真正實現了。

8.2.3 VR 一體機 + 人機介面，虛擬與現實的連接不斷拓展

人們都很好奇，元宇宙的終極形態究竟是什麼樣的？「VR 一體機 + 人機介面」可能是許多科幻迷給出的答案。

VR 一體機是擁有獨立處理器的 VR 裝置，集合了處理器、顯示器、透鏡和陀螺儀，不需要外接手機，就可用來觀看影片或玩遊戲。目前 6DOF 互動的 VR 一體機幾乎可以模擬所有的頭部動態，擺脫了木人樁式的探索模式，開放性和沉浸感都非常強。

人機介面是 VR 一體機的高階版本，也是元宇宙未來的發展方向。《攻殼機動隊》、《駭客任務》等科幻電影都曾有過關於人機介面的設想，大腦與電腦連接，人們可以在虛擬世界中憑藉自己的意識獲得資訊，開展社群，甚至擁有味覺、觸覺等感官體驗。相比只能提供視聽覺等體驗的電腦、手機等介質，人機介面帶給人們的體驗將是顛覆性的。

在現階段的一些遊戲中，玩家角色的動作基本都是預設的，如攻擊、跳躍等，無論玩家怎麼操作，預設動作都不會改變。利用人機介面，玩家能夠用自己的意識控制遊戲，實現更自由的操作。玩家可以在虛擬世界自由地活動身體的每個部位，隨心所欲地進行互動，就像在現實世界中一樣。

除了可以擺脫預設動作，多種感官回饋也將成為可能。現在的一些 VR 遊戲有一個重要缺陷，那就是會給玩家帶來眩暈感。這是因為我們在遊戲內與物品進行互動時，由於沒有物品的實體，導致視覺和觸覺較為分離。人機介面能夠實現雙向傳輸，可以完美解決這個難題。借助人機介面，我們在虛擬世界觸摸一塊石頭，能感受到石頭的紋路、溫度、重量，這徹底打破了虛擬與現實之間的壁壘，甚至可以讓人們直接居住在虛擬世界。

然而，時至今日，人腦仍然是人類科學研究的難點之一。使用者透過人機介面用意識進行操作，如玩遊戲、打字等，靠的是大腦發出的訊號，只有精準辨識、分析大腦訊號，才能讓人機介面的設想成為現實。

分析使用者在接受不同刺激時大腦發出的訊號，對功能區進行定位，然後借助人機介面解譯演算法，裝置就能讀取大腦的「想法」，使用者就能借助意識在虛擬世界中完成操作。也就是說，提高解譯效率是人機研究的一大難點。

目前，伊隆・馬斯克旗下的人機介面公司 Neuralink 宣布研發了最新一代侵入式腦機周邊裝置，這款裝置只有一枚硬幣那麼大，可在 30 分鐘內植入大腦，實現神經資訊的上傳、儲存、下載、修改，把意念轉化為資料訊號。Neuralink 的裝置於人機介面領域而言，是一次重大發展，但這一次的嘗試只停留在初級階段。

想要真正實現在元宇宙中自由生活，人機介面需要具備更多的功能，要讓使用者不僅能在其中打乒乓球，還要讓使用者能夠進行創作、程式設計甚至更高級、更精密的操作。

科研是一項需要大量投入的持久戰。隨著元宇宙概念的普及，很多頭部科技公司都開始研究人機介面。

近期，公開表明發展元宇宙的 Meta 早在 2017 年就已開始研究人機介面了。其旗下的 Reality labs 與加利福尼亞大學舊金山分校展開合作專案 Project Steno，計畫研發一台可以透過意念打字的頭戴式人機連接裝置，被外界寄予厚望。

該專案的目標是讓使用者以每分鐘 100 個單字的速度打字，但 Project Steno 的解譯速度卻始終只有每分鐘 12.5 個單詞。2021 年，Meta 宣佈停止研發頭戴式人機連接裝置，將目標轉向手腕式輸入裝置，原因是 Meta 認為手腕式輸入裝置能更快速地進入市場。這也是 Meta 可能轉向其他元宇宙入口的訊號。

在 NASDAQ 上市的微美全息不久前宣佈成立「全息元宇宙事業部」，以此佈局元宇宙的技術研發。此外，微美全息還成立了全息科學院，致力於探索未知科技，吸引、聚集、整合全球優勢力量，推進核心技術的全面創新。

可以想像，在未來，真實與虛幻、線下與線上、現實與虛擬的界線將不復存在。元宇宙也不再只是一個產品，它將和物理世界分庭抗禮，甚至相互連接、交織成為一種「新現實」。人們可以自由地進出元宇宙世界，打造比現在更加瑰麗、更加繁榮的新文明和新世界。

8.2.4 AI 促化新工具，建立虛擬與現實的通道

無論踏入數位世界與 AI 模擬真人互動，進行個性化旅行的《西方極樂園》，還是戴上頭戴式顯示器，進入平行數位世界的《一級玩家》，近幾年，虛擬與現實互動的科幻作品越來越受到人們的歡迎。眾多科技公司的嘗試，讓人們對元宇宙世界更加充滿期待。

事實上，現實世界與虛擬世界正在被連接。2021 年以來，元宇宙成為新風口，經緯中國、真格基金、五源資本等一線基金入局，騰訊、字節跳動等大公司也紛紛佈局。Facebook 甚至宣佈轉型成一家元宇宙公司。

在元宇宙世界中，沒有了物理世界的限制，人與人的互動不再停留在文字、語音、影片的層面，即時互動甚至交錯時空的互動都將實現，新的生活方式也將隨之而來。

但是，想要實現這些元宇宙構想，必須打造虛實結合的基礎裝置，以連接虛擬世界與現實世界。在 2021 世界人工智慧大會上，商湯科技聯合創始人徐立透過商湯科技打造的 AI 基礎裝置 SenseCore、商湯 AI 大裝置和多種 AI 技術平臺，解讀了虛擬世界與現實世界連接的奧秘。

早在 2017 年，徐立就曾提到，商湯科技正在佈局兩個工具，一是生產力工具，為傳統行業提高效率；二是互動工具，提供新的互動體驗。可見，商湯科技在那時就已經開始尋找連通虛擬世界與現實世界的通道了。

想要連接虛擬世界和現實世界，首先要讓物理空間數位化，打造一個孿生的網路空間，讓人們透過虛實疊加，對現實世界進行智慧化管理。虛實疊加建立起的世界比網際網路世界更全面，真正打通了虛擬世界與現實世界的邊界，把現實世界搬到虛擬世界中，實現物理空間的全面數位化。

Chapter

09

品牌虛擬化：虛擬世界
行銷 + 虛擬品牌

隨著元宇宙概念越來越流行，各大品牌開始關注元宇宙帶
來的新行銷機會。特別是在疫情之下，消費者的消費行
為隨之發生改變，因此，一些尖端品牌加速了對元宇宙的佈
局。共用社群空間、數位支付、虛擬產品、虛擬形象代言人
等典型的虛擬行銷事件層出不窮，品牌虛擬化指日可待。

9.1 元宇宙變革品牌數位化行銷

MMA-Asia Pacific 在發佈的報告《開啟元宇宙行銷時代》中表示，元宇宙雖然是虛擬世界，但其為各品牌提供的成長機會卻是真實的。特別是對於在網際網路時代長大的 Z 世代來說，虛擬世界與現實世界的邊界已經較為模糊，他們更容易接受品牌虛擬化的互動。因此，品牌需要創造符合元宇宙特徵的行銷體驗，如數位替身、數位商品、虛擬文娛等，重建品牌的數位化行銷。

9.1.1 虛擬網紅成為品牌行銷新寵

現階段，隨著市場依賴移動式裝置的人口基數不斷擴大，以及影音內容消費和社群媒體的滲透程度逐漸提高，數位行銷有了巨大的發展機會。

當前的數位行銷主要以短影音和直播為主，品牌方以拍攝廣告影片或直播等形式與消費者互動，人物角色是其重要的組成部分。但是，近幾年真人代言的風險卻越來越高。首先，品牌形象代言人「人設」崩塌事故層出不窮，而且這種事故與風險很難預測和控制。其次，更多品牌希望用更貼近消費者、更網路化的方式，塑造自己的品牌形象，但品牌使用的網紅主播積累的私人流量，可能會隨著網紅主播的離開一同流失，這樣的損失是很多品牌難以承受的。

因此，虛擬網紅成為眾多品牌行銷的新寵，很多品牌開始打造虛擬化品牌形象或聘請虛擬偶像做品牌代言人。

例如，在蜜雪冰城發佈的廣告 MV（音樂短片）中，一排雪人合唱「你愛我，我愛你，蜜雪冰城甜蜜蜜」。短片時長只有 24 秒，歌詞也只有一句，但其播放量卻突破了 700 萬，一時之間風靡網路。雪人就是蜜雪冰城創造的虛擬品牌形象（如圖 9-1 所示），網友們因為一首廣告歌對其印象深刻，還紛紛進行了二次創作，使這個形象成為新晉網紅。

圖 9-1 蜜雪冰城的虛擬品牌形象

除此之外，巴黎萊雅、天津一汽豐田汽車、歌力思、雀巢、屈臣氏等品牌也推出了虛擬偶像，涵蓋汽車、民生用品、零售、服裝等多個領域。這一舉動是各大品牌順應元宇宙趨勢的重要手法，相比真人代言人，虛擬代言人純粹以市場導向建立人設，不僅風險低，也更貼近各種商業場景。

杭州在「城市數位 IP 形象直播展示暨城市虛擬直播間」推出了虛擬 IP 白素素，如圖 9-2 所示。這一形象以古代傳說中的人物白素貞為原型，並被賦予了新的時代內涵，成為城市代言人。在直播活動中，白素素與網紅主播貓女林一起直播，雙方以對話的形式，介紹了杭州風光及人文風貌。

圖 9-2 虛擬 IP 白素素

白素素不僅對城市特色如數家珍，還向網友們展示了舞蹈才藝，使這個虛擬形象更具生命力。同時，白素素與貓女林還合體開啟了「虛擬主播＋真人主播」這一全新的直播導購模式，為未來直播導購的發展提供了新道路。

虛擬網紅是實現元宇宙的重要嘗試，不僅為品牌數位化轉型提供了新道路，還進一步加深了虛擬世界對現實世界的影響。虛擬網紅透過 5G、超高清、VR、AR、AI 等技術擁有了「生命」，不僅能與使用者對話，還自帶天然的品牌屬性，對使用者的影響更為深刻。

9.1.2 建立虛擬社群，打造行銷新場景

很多企業都曾嘗試過場景行銷，即分析使用者在特定場景下的情感、態度和需求，為使用者提供精確的行銷服務，從而樹立品牌形象。近年

來，隨著元宇宙概念的發展，行銷場景也發生了變革，虛擬社群的概念開始出現。虛擬社群又稱線上社區或電子社區，是一個為有著相同愛好、經歷或業務目標的使用者提供聚會的場所。虛擬社群可以把對同一個話題感興趣的人聚集起來，讓他們自發互動、創作內容，以實現更精準的行銷和使用者自傳播。

虛擬社群「破圈世界」上線僅 4 個月使用者就突破了 25 萬名，開始釋放商業化潛力。「破圈世界」是一個包括次文化社交、虛擬世界建構、自建人設內容的社區，其平臺中的內容輸出、功能建設主要依靠使用者自行完成，目前包含興趣圈子、好物集市、興趣群聊三個主要功能。

維持「破圈世界」運轉的核心是使用者自己創作的內容。無數使用者「為愛發電」為「破圈世界」貢獻著源源不斷的內容，而且在平臺迭代的過程中，使用者能與平臺共同成長。「破圈世界」的定位是一個有生命力的虛擬社群，它抓住了 Z 世代社區主打文化品牌 IP 的特點，它並沒有將使用者視為付費的「工具人」，而是鼓勵使用者「去創造」，陪伴產品成長，變成產品的粉絲。

「破圈世界」的使用者由不同的次文化愛好者組成，每一個興趣圈子都是一個小的虛擬社群，每位使用者會獲得對應自己興趣愛好的身份。同時，「破圈世界」還提供了各種話題和活動，如「每日一吼」、「想表白就表白」等話題和暑假總結大會、萌新報到處等活動，促進使用者交流，如圖 9-3 所示。除此之外，每位使用者還可以透過完成任務獲得「光源值」，如圖 9-4 所示。

圖 9-3 使用者身份

圖 9-4「光源值」加值頁面

「光源值」相當於「破圈世界」中的虛擬貨幣，這個功能為後續「破圈世界」的商業化變現提供了可能。使用者可以透過交易和付費購買「光源值」，然後用「光源值」兌換虛擬道具、頭貼框等產品，提升虛擬社群的使用體驗。目前，「破圈世界」已售出了 20 萬「光源值」。

「破圈世界」是企業對元宇宙概念的一次有益探索，改變了企業作為行銷主體的傳統模式，把主動權交給了使用者。傳統的場景行銷雖然是針對特定場景進行的行銷，但場景的建構依然以企業為主導。然而，虛擬社群的出現建構起了一個以使用者為中心的場景，使用者負責生產內容、傳播內容，這樣的模式更能吸引精確的使用者，更能提高傳播的效率。

9.1.3 抓住 Z 世代的心，做好虛擬行銷

想順利邁向元宇宙，必須找到擁護元宇宙的使用者。作為成長在網際網路時代的 Z 世代，他們對元宇宙等虛擬行銷概念的接受度非常高，是元宇宙的最佳目標使用者。可以說，抓住 Z 世代的心是品牌進行虛擬行銷的關鍵。

1. Z 世代對虛擬形象接受度高

在 Instagram 上，一位長著雀斑的混血女孩 Lil Miquela（如圖 9-5 所示）擁有超過 300 萬名粉絲。她住在洛杉磯，是一位音樂人和模特兒。Lil Miquela 喜歡在 Instagram 上分享生活和穿搭，發行過自己的單曲，還曾受邀參加米蘭時裝周。但這個漂亮女孩卻是一個虛擬人物，是透過電腦技術創作而成的。

圖 9-5 Lil Miquela

Lil Miquela 雖然是不存在於現實世界中的虛擬人物，但她卻擁有不輸現
實世界明星和網紅的影響力，她曾與唐納・川普一同入選《時代》年度
「網路最具影響力人士」榜單，央視網還曾報導過 Lil Miquela，資料顯
示，她的年收入達到了 7600 萬元。

資料平臺 vtbs.moe 做過一個調查，在 2019—2020 年，Z 世代聚集的
bilibili，其使用者對虛擬偶像的訂閱量同比增長了 350%。可見 Z 世代
對虛擬偶像的接受度非常高，他們並不排斥與虛擬世界互動。

《Z 世代行銷》一書中曾提到，Z 世代的使用者可以同時操作電視、手
機、筆記型電腦、桌上型電腦、手持遊戲機五個裝置。對他們來説，科
技與他們的生活密不可分。

Z 世代作為網際網路原住民，從懂事時起就同時接觸了現實世界和虛擬世界，他們熟練地穿梭於線上與線下，很難感受到現實世界與虛擬世界的邊界，天然地對虛擬世界充滿探索欲望。那些在長輩眼中很「假」的虛擬人物，在 Z 世代眼中卻充滿魅力，甚至比現實世界的人更有趣。

Z 世代是注重情感體驗的一代人，他們不願意成為付錢的機器，而是渴望與品牌共建，形成精神共鳴。所以套路式的廣告很難打動 Z 世代使用者，他們喜歡看到品牌付出真情實感創作出來的內容，這樣的內容才能與 Z 世代建立高度連結。因此，企業不僅要建立虛擬形象，還需要對其進行長期的內容產出和運作，以在 Z 世代使用者中保持持續的影響力。

2. Z 世代渴望沉浸式體驗

2020 年是線上音樂演出市場發展迅速的一年，《2020 年中國線上音樂演出市場專題研究報告》顯示，2020 年上半年，觀看中國線上音樂演出的使用者規模已突破 8000 萬人。

雖然沒有了現場的尖叫聲和揮舞的螢光棒，但觀眾可以舒服地坐在家裡體驗到高度沉浸感、高品質的演出。觀眾可以透過線上聊天室、評論向歌手提出問題，歌手可以第一時間對觀眾進行回應。這種零距離的互動體驗是線下演出無法提供的。

五月天曾在 2020 年暑期舉辦了一場免費的線上演唱會，線上觀眾達 3500 萬人，與傳統的線下演唱會一場約 10 萬人左右的數量相比，觀眾更廣。

各平臺也在不斷解鎖新玩法，探索線上演唱會的商業價值。阿里巴巴旗下的「平行麥現場」以阿里巴巴的電商資源為基礎，與淘寶商家聯名。

除了品牌商冠名，演唱會直播畫面還會加入產品連結，直接導流到電商平臺。例如，乃萬的「遇見自己」演唱會，同時在大麥、優酷、淘寶直播，導入海信電視、韓都衣舍的品牌冠名，還為粉絲設計了演唱會官方周邊，打通了文娛消費場景與電商體系。

過去，品牌想要在某大型演唱現場進行宣傳，需要投入重金獲得冠名權或提供現場贊助，以求在現場觀眾面前「混個眼熟」。但是，因地區等因素的限制，一場活動的容量有限，品牌方投入重金卻不一定能得到很好的宣傳效果。

而虛擬世界就不同了，虛擬世界可以把數以億計的使用者聚集在一起，或者說品牌可以被數以億計的使用者看到。另外，品牌「露出」的場景也變多了，虛擬裝扮、娛樂場景、社群場景都可以為品牌提供「露出」的機會。例如，電影《脫稿玩家》裡 Guy 穿的衣服、球鞋、拿的咖啡杯，都是品牌植入的理想之地。

虛擬世界的活動除了擁有上述優勢，其最受 Z 時代青睞的就是極高的沉浸感。對於早已習慣虛擬世界與現實世界交互的 Z 世代來說，普通的虛擬互動並不能刺激他們的興奮點，他們真正期望的是更沉浸、不受限制的互動世界。過去，他們在線上進行的交友、購物、遊戲等活動，只是讓大腦進入了虛擬世界，而身體的知覺仍停留在現實世界，只有讓他們身心都投入到虛擬世界中，才能真正打動他們。

《決戰第三屏：移動互聯網時代的商業與營銷新規則》曾提出，智慧型手機是除了「第一螢幕」電視、「第二螢幕」電腦的「第三螢幕」，它改變了人們的生活方式、互動體驗、消費行為，為人們的生活帶來了突破性變化。

從小接觸「第三螢幕」的 Z 世代，早已習慣了這種「主動靠近」的娛樂方式，不像看電視時的「後靠式」，也不像盯著電腦螢幕的「前傾式」，智慧手機提供的體驗更貼近使用者，服務更個性化，「第三螢幕」可以隨時隨地來到使用者眼前。隨著 VR/AR 等技術的發展，「第三螢幕」或許能發展成一個可知、可感、可觸、可嗅的虛擬空間。而暢遊在虛擬世界的 Z 世代，可以在飲料瓶身上、街道上、公園裡、博物館裡等各個沉浸式的虛擬場景中與品牌相遇，從理論上講，品牌可以和全球各地的使用者即時線上互動。

3. Z 世代更期待自我表達

Z 世代從小以來的成長環境讓他們習慣了在社群網路上分享自己的生活，將自己暴露在公共視野中，他們渴望在虛擬世界中塑造一個更完美的自己。對品牌而言，這也是一個機會。品牌要逐漸捨棄主動向使用者推銷自己的行銷方式，而是要與使用者建立合作關係，幫助使用者進行自我表達，以贏得 Z 世代的喜愛和信任。

Genies 是一家虛擬形象科技公司，其憑藉為名人製作能在各大社群平臺流傳的 3D 數位形象功能，圈粉無數。使用者在 Genies 上可以根據自己的喜好製作虛擬形象，這個形象可以是寵物、玩具、外星人等。同時，Genies 會根據使用者的特長，生成 3D 影像、動圖、短篇動畫等不同版本的虛擬形象，如圖 9-6 所示。

圖 9-6 使用者的虛擬形象

除此之外，Genies 還提供了多種可供虛擬形象穿戴的設備，如頭盔、武器等，使用者可以透過儲值購買這些設備，或參與 Genies 的官方活動獲得設備。未來，Genies 還將透過 VR 技術，打造更逼真的虛擬數位世界，使用者的虛擬形象可以在不同虛擬場景中行走穿梭，還可以與偶像的虛擬形象同行或相處。

隨著 Z 世代年齡的增長，他們已經成為虛擬世界的主要消費族群。他們渴望展示自己，希望利用虛擬世界延伸自己的個性。對於品牌而言，要尊重 Z 世代的訴求，幫助 Z 世代實現自我表達，這樣才能提高 Z 世代買單的機率。

9.2 虛擬品牌萌芽，虛擬產品層出不窮

虛擬產品指的是在現實世界中看不見的產品。我們的生活中有很多虛擬產品，如線上音樂、線上電影、加值會員等，它們沒有實物屬性，可以無限複製，永遠不會庫存不足。隨著品牌虛擬化的發展，虛擬產品也在不斷擴展著邊界，一些在人們的認知中不可能被虛擬化的產品也出現在虛擬世界，如虛擬運動鞋、虛擬服裝、虛擬數位人等。

9.2.1 現實品牌的虛擬探索，Gucci 推出虛擬運動鞋

奢侈品牌 Gucci 在 App 中新增了一個數位球鞋區塊 ——Gucci Sneaker Garage（球鞋庫）。這個區塊包含了產品故事、互動遊戲、虛擬試鞋等功能，能方便地與使用者進行即時互動。除此之外，Gucci 還發佈了該區塊的專屬產品 —— 數位虛擬運動鞋 Gucci Virtual 25，使用者可以線上試穿、拍照或錄製短影音，如圖 9-7 所示。

圖 9-7　使用者試穿 Gucci Virtual 25

這款運動鞋由 Gucci 的創意總監 Alessandro Michele 設計，顏色為粉綠配色，鞋舌上有經典的 Gucci Logo。Gucci 還透露，未來數位虛擬運動鞋將在虛擬鞋履收藏平臺 Agelt 上線，使用者可以在 Roblox 和 VRChat 平臺中試穿。

此外，與 Gucci 的其他商品相比，這款數位虛擬運動鞋的售價也非常實惠。在 Roblox 和 VRChat 等第三方平臺上的售價為 12.99 美元，在 Gucci 官方的 App 中售價為 8.99 美元。

這雙運動鞋的出現對於想要在虛擬世界中表達自己的 Z 世代使用者來說是一個福音。一些買不起或認為沒必要購買奢侈品的年輕人可以選擇在虛擬世界中為自己購入一身 Gucci 的「行頭」，以此來彰顯自己的時尚品位，並在虛擬世界中實現自我表達。

9.2.2 虛擬品牌不斷發展，Tribute Brand 深受喜愛

你有沒有幻想過自己能像遊戲裡的角色一樣一鍵換裝，只需要手指一點就能更換不同款式且尺碼合適的衣服，甚至可以穿上遊戲角色的衣服。虛擬時裝品牌 Tribute Brand 就實現了這個構想。

Tribute Brand 是一個以無運費、無浪費、無性別、無尺寸而著稱的虛擬時裝品牌，該品牌主要鎖定年輕人，產品主要以數位形式存在。使用者在 Tribute Brand 消費後，得到的不是一件衣服，而是一張由後臺工程師建構而成的使用者和衣服的 CGI（Computer-Generated Imagery，電腦生成影像）圖片，如圖 9-8 所示。

圖 9-8 使用者和衣服的 CGI 圖片

1. 無運費

現在的年輕人習慣了眾多網購商品免費送貨的優惠，從而形成了一個很奇怪的消費習慣，他們願意花 500 元買一件衣服，卻為了 5 元運費取消付款。Tribute Brand 的產品就不會讓使用者有這樣的煩惱，因為它不需要真的出貨。想要購買 Tribute Brand 的衣服，只需要在官網下訂單，按照要求將照片送出到後臺即可。全程無須接觸，只需要使用者手指點一點，這對於熱愛分享的網際網路世界弄潮兒來說非常方便。他們足不出戶，就能在社群網路中光鮮亮麗。

2. 無浪費

2017 年，時尚行業成為全球第二大污染製造產業。隨著網際網路的發展，時尚風向更迭的速度越來越快，根據統計，每天大約有 1500 億件衣服成為時尚垃圾，而掩埋或焚燒這些時尚垃圾造成了嚴重的環境污染。

另外，一些品牌時裝為了呈現出最好的效果，在反覆修改成衣的過程中也會造成大量浪費。設計師麥昆曾在設計中諷刺過這一點，他將 2009 年秋冬系列的服裝命名為「豐饒角」（The Horn of Plenty），意為時尚界的災難。他用看起來像塑膠垃圾袋的材料製作了雙面外套，他為模特兒戴上易開罐做成的頭飾並搭配了前衛的衣服，諷刺人們追求的時尚最終不過是一堆垃圾。他甚至把自己之前辦時尚展時留下的時尚垃圾放在展場中間，充滿了對時尚行業造成環境污染的諷刺。

Tribute Brand 的虛擬時裝從根本上杜絕了環境污染。這些時裝不浪費一針一線，不會產生時尚垃圾，使用者如果不想要了，只要動動手指點選刪除鍵即可，既能滿足人們追逐時尚潮流的願望，又能避免過度生產、污染環境。

3. 無性別

日本時裝設計師山本耀司曾提出過一個疑問，即是誰規定了男人和女人的著裝必須不同？

第一財經商業資料中心與天貓男裝聯合發佈的《2018 潮流文化發展白皮書》指出，中性風格的服飾在潮流市場中的熱度不斷提升。《去性別化消費中國兩性消費趨勢報告》顯示，從近年來消費者的特點來看，「性別」這個特點正變得模糊、無界化。

各大潮流品牌也開始順應趨勢，推出「無性別」產品。打開網購平臺，我們會發現越來越多的品牌在推出無性別款式的時裝，那些在傳統服飾中用於區分性別的符號特徵，如印花、蕾絲、領帶等被打亂，任意組合在時裝上面，形成了新的無性別時尚風格。

Tribute Brand 的虛擬時裝同樣也是無性別的，只要是使用者喜歡的，就是他們的最佳服裝。在這裡，男生可以試穿禮服裙，女生可以穿西裝、打領帶，量身訂做，絕對合身，

4. 無尺寸

我們如果在電商平臺搜索毛衣、牛仔褲等某一類衣服，出現的商品連結往往包含大碼、小個子、高個子等關鍵字。也就是説，我們很難快速、準確地找到適合自己的衣服，還存在可能喜歡這件衣服的款式，但是因為尺寸不合適而遺憾地放棄購買的情況。

而 Tribute Brand 的虛擬時裝就不存在這個問題，無論使用者高矮胖瘦，都能穿上自己喜歡的款式的衣服。使用者既不會產生身材焦慮，也不用在搜索上花太多時間。

Tribute Brand 在剛推出虛擬時裝時曾備受質疑，畢竟它只是在販賣一堆由數位構成的「圖片」，看不見也摸不著。然而，疫情之下，Tribute Brand 的出現，可以説給時尚行業帶來了生機。

疫情給時尚行業帶來的最大影響就是很多線下展被取消，產品銷路受阻，零售額呈斷崖式下跌，不少品牌關門大吉。而 Tribute Brand 虛擬時裝的無接觸銷售模式，完美避開了這些影響，在 2020 年逆流而上。

Tribute Brand 的服裝設計新奇又充滿吸引力，而且在視覺上非常逼真，如一條名為「REPEK」的魚尾禮服裙（如圖 9-9 所示）。

圖 9-9 REPEK

這條禮服裙呈綠色，帶著金屬光澤，人們穿上它，彷彿從童話世界而來。而且，禮服裙褶皺處的設計十分用心，有手工縫製的高級感，不像一般 PS 的圖片那樣粗糙，就連裙擺處起伏的弧度也進行了精心設計，像一件真的高級訂製的禮服。

傳統的實體時尚要兼顧工藝性、功能性和可持續性，在設計上有諸多局限。而虛擬時裝是純視覺方面的時尚，它可以實現各種大膽的視覺設計，緊跟潮流更新的腳步。隨著社群網路的爆炸式發展，人們的許多活動都進入了虛擬世界，包括社群、遊戲等。雖然虛擬時裝的初衷是改變時尚行業浪費的現狀，但隨著虛擬世界的完善，虛擬時裝也許不再是實體衣服的替代品，而是一個新的領域。

9.2.3 虛擬數位人是虛擬品牌天然的代言人

2021 年的中秋節，天貓推出了一款數位月餅，這款月餅由天貓超級品牌數位負責人 AYAYI 代言，是天貓送給消費者的來自元宇宙的禮物。

這款月餅將多面體和酸性金屬物質作為設計元素，多面體代表現實世界，流動性的酸性金屬物質則象徵元宇宙，兩種元素的交融代表了現實世界與虛擬世界的融合過程，如圖 9-10 所示。這款月餅雖然不能吃，卻受到了許多年輕人的歡迎，一天之內有近 2 萬人排隊抽籤，希望獲得這款月餅。

圖 9-10 數位月餅

為消費者送出數位月餅的代言人也不是真實的人，而是一位虛擬數位人。AYAYI 是天貓打造的首個 Metahuman（超寫實數位人），她是用電腦技術合成出來的，於 2021 年 5 月橫空出世，是各大品牌青睞的「優

質偶像」，並在 9 月正式入職阿里巴巴，成為數位人員工，如圖 9-11 所示。

圖 9-11 AYAYI 在阿里巴巴園區

阿里巴巴創造 AYAYI 的目的並不是請一位虛擬數位人為平臺代言，而是透過 AYAYI 發展元宇宙的版圖。在元宇宙的概念中，現實世界的人可以將意識接入虛擬世界，親身體驗虛擬世界中發生的事，而這個虛擬世界由現實人類的虛擬形象和虛擬數位人共同構成，人們可以與虛擬數位人進行互動。也就是說，AYAYI 完全可以為虛擬產品導購，觸發現實人類的購買行為。

AYAYI 不僅僅是天貓超級品牌數位代言人，還是一位網紅達人，她在小紅書上有自己的帳號，發佈的內容均為第一人稱視角，還會回覆使用

者留言。她在小紅書上發佈的第一條內容就獲得了 224 萬多閱讀，10
萬多讚數和 4500 多條留言（如圖 9-12 所示），很多部落客還爭相模仿
AYAYI 的造型。

圖 9-12 AYAYI 的小紅書內容

「太美了」、「是真人還是 AI」評論區的使用者對這位新來的大美女充滿好奇，他們持續在評論區留言。後來，AYAYI 自爆身份，表明自己是虛擬數位人，來自元宇宙，將會在這裡分享數位生活。

隨後，這位虛擬偶像開始「經營」，法國品牌嬌蘭邀請 AYAYI 參與線下體驗活動，小紅書上的 KOL 紛紛發佈 AYAYI 同款照片。同時這也意味著，虛擬數位人來到了普通人身邊，融入了大眾的日常生活。

後來，LV 也邀請 AYAYI 參加線下活動，在其他品牌的展覽中也能看見 AYAYI 的身影。AYAYI 的團隊會有選擇性地尋找合作的品牌，他們會從內容入手，選擇在審美、風格上與 AYAYI 相符的品牌。比起代言費，他們更看重這些品牌與元宇宙的關聯性。

虛擬偶像並不是一個新的商業概念，從最初的遊戲、動漫衍生出的紙片人到如今的虛擬數位人，虛擬偶像有了更好的發展。AYAYI 不同於初音未來、洛天依等動漫形象，她有著逼真的人類外形，擺脫了二次元文化圈層的束縛，有更廣泛的受眾。因此，對於各品牌來說，AYAYI 將會是一位完美的代言人。

首先，虛擬數位人與品牌有著更高的配合度，能有效避免人設崩塌、網路醜聞等風險。其次，虛擬數位人可以打破原有的商業邊界，不受時間、地點、技能等客觀因素的限制，可以極大滿足使用者的想像。最後，虛擬數位人能更高效地生產內容，降低內容生產的成本。可以說，當商業和虛擬數位人結合時，商業想像的大門可以越開越大。

品牌與虛擬數位人的結合還為品牌提供了一個重塑自己的機會。品牌可以趁機發展虛擬產業，並發揮虛擬數位人的天然優勢，讓他們代言虛擬

產品，以此實現虛擬世界和現實世界的連動宣傳。例如，一個在現實世界經營飲料的品牌，可以成為元宇宙的服務提供者，為虛擬世界生產虛擬飲品，以此讓年輕使用者從元宇宙中發現品牌，並透過虛擬數位人將消費者在虛擬世界中的品牌感知轉移到現實世界。

2021 年，「雙 11」期間，AYAYI 與天貓超級品牌合作打造了線上 NFT 數位藝術展，為合作品牌設計具有元宇宙風格的 NFT 數位藝術收藏品。天貓超級品牌的負責人指出，希望年輕人能從這個藝術展中窺見元宇宙的一角，也希望各品牌能從中找到新的發展契機。

對天貓來說，AYAYI 更像是天貓與虛擬世界連接的載體，是天貓進入元宇宙世界的「引路人」，也是廣大使用者虛擬身份感和沉浸感的保障。初音未來等第一代虛擬偶像基本只能適應線上場景，線下場景只局限於演唱會等演出場景。虛擬數位人則能適應更多線下宣傳場景，與使用者的連繫更加密切。

未來，也許每個人都會擁有屬於自己的虛擬身份，在元宇宙建立起全新的生活方式和社群網路。而對於品牌來說，其將面對一個全新的商業文明，任何品牌的商品都將有新的行銷機會，而每一款普通商品都可能成為虛擬世界的藝術收藏品。AYAYI 這樣的虛擬偶像將成為超級明星，她不僅能為虛擬產品代言，還能在音樂、影視、綜藝等領域多棲發展，融入人們的生活。

資產虛擬化：重塑數位經濟體系

電影《阿凡達》建立了一個奇幻的潘朵拉星球，那裡有豐富的植物、動物、礦藏資源，是一個自給自足的原始社會。生長在潘朵拉星球上的納美族沒有飢餓的困擾，他們只需要住在大樹裡、睡在樹葉上、喝露水。從資源供應上來講，對於納美人而言，潘朵拉星球上的資源幾乎是取之不盡、用之不竭的，這與元宇宙十分相似。

由於供應鏈的改變，元宇宙中的社會經濟體系與現實世界會有很大不同，原本在現實世界中一文不值的產品可能會有更高的價值，而原本在現實世界中的天價產品可能會變得很便宜，由此會出現一些新的值得探討的經濟規律。

10.1 經濟體系是構建元宇宙的重要基礎

經濟體系指的是一群經濟個體之間相互連繫，個體間的流通貨幣可以互相兌換，且一榮俱榮、一損俱損的關係。獨立的、較為完整的經濟體系對經濟社會的發展具有重要意義。元宇宙要真正成為獨立於現實世界的虛擬世界，就必須建構完善的經濟體系，以實現獨立運作的目標。

10.1.1 元宇宙中存在穩定、完善的經濟體系

隨著元宇宙的發展，越來越多的以數位為載體的產品將湧現出來，如遊戲、影音、數位人物等。數位產品一般分為三類：第一類是資訊和娛樂產品，如影像圖形、音訊和影音等；第二類是象徵、符號和概念，如飛機票、音樂會門票、電子代幣、信用卡等；第三類是過程和服務，如信件和傳真、遠端教育、互動式娛樂等。這些數位產品創造、交換、消費的過程就是元宇宙經濟。在一些製作精良的大型遊戲中，元宇宙經濟已經初見雛形。

G20 峰會曾在《二十國集團數位經濟發展與合作倡議》中對數位經濟下了定義：數位經濟是指以數位化的知識和資訊作為關鍵生產要素、以現代資訊網路作為載體、以資訊通訊技術的使用作為提升效率和優化經濟結構的推動力的一系列經濟活動。

從適用範圍上看，元宇宙經濟是數位經濟的一個子集，是其最具革命性的一部分。元宇宙經濟擺脫了傳統經濟的一些天然限制，如自然資源有限、制度複雜、市場建立成本高等。在純粹的虛擬世界中，人們可以擺

脫現實世界中的一些桎梏，不用吃飯、應酬，不會生病，甚至不會永久地死去，人們的主要活動就是體驗、創造、交換。例如，在未來的元宇宙世界中，人們可以自由探索，購買其他人製作的服飾、食品等。同時，每個人還能從消費者變成生產者，把自己製作的虛擬產品銷售給其他人。

Epic Games 的 CEO Tim Sweeney 曾表示，想讓人們在元宇宙中生活，除了要建立一個統一的平臺，還要建立一個公平的經濟體系，讓所有人都能參與，創造內容，獲得回報。這個經濟體系要有一套完整的規則，確保每個人都被公平對待，也要保證公司能從這些內容中獲利。

從 Sweeney 的觀點來看，建立元宇宙經濟體系，需要具備以下幾個要素，如圖 10-1 所示。

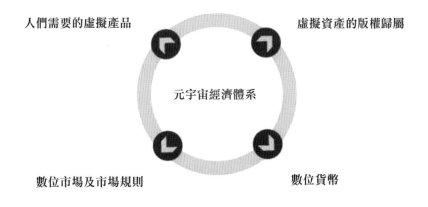

圖 10-1　建立元宇宙經濟體系的要素

1. 人們需要的虛擬產品

在現實世界中，人們創造的產物大多為實物產品或服務。在元宇宙世界中，人們創造的產物是虛擬產品，例如，在遊戲裡建造的樓房、在短影音平臺發佈的短篇影片、在微信公眾號發佈的圖文等。有了這些產品，人們才能展開經濟活動。可以說，虛擬產品是支撐元宇宙經濟的第一要素。

2. 虛擬資產的版權歸屬

人們在虛擬世界創造的產品如果想進行銷售，就必須對產品的創造者進行標記，避免產品被隨意複製，價值降低。對此，我們需要建立一個底層平臺，在資產層面嚴格保護版權和產品的流通，這樣才能真正形成元宇宙經濟。

3. 數位市場及市場規則

數位市場是虛擬世界交易的場所，而市場規則是人們在虛擬世界交易時需要遵守的規範和制度，二者是元宇宙經濟的核心，是保證元宇宙繁榮的基礎設施。元宇宙的市場是純粹交換數位內容的市場，現在，這類數位市場的雛形已經形成。例如，我們平時在短影音平臺購買虛擬禮物，贊助心儀的影音內容，這些都屬於數位內容的交換。在未來更成熟的元宇宙市場中，其產品的創造和交易全過程都將在元宇宙中完成。

4. 數位代幣

有了產品和市場，一個完善的經濟體系還要擁有購買貨物的媒介，即貨幣。對應現實世界的法定貨幣，元宇宙也要有自己的數位代幣。統一的數位代幣可以讓各種各樣的經濟關係成為可能，實現元宇宙經濟的繁榮。

那麼，元宇宙經濟與傳統經濟有什麼區別呢？如圖 10-2 所示。

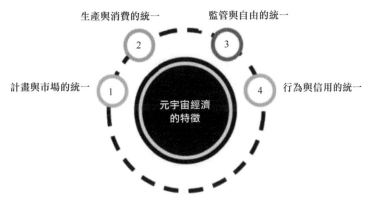

圖 10-2　元宇宙經濟的特徵

1. 計畫與市場的統一

在元宇宙中，數位是唯一的生產資料，這意味著資源是無限的。因此，想要形成市場，就需要人為設計稀缺性。數位雖然是無限的，但用數位製作成的產品可以限量供應，由此數位市場就形成了。

企業可以根據使用者的需求資料，限定熱門產品的最大發售量，人為地創造出供不應求的賣方市場。大量的資料加上精妙的演算法，可以得到一個最佳的銷售上限，甚至可以得出一個最佳的價格，過濾無效使用者，而這款熱門產品的市場就是精確計算的市場。

2. 生產與消費的統一

在傳統市場中，產品從開始生產一直到送達消費者手中要經過多個環節，任何一個環節都有可能因為各種原因導致資訊不通暢，最終造成庫存積壓和消費成本增加。在元宇宙中就沒有這種問題，因為在元宇宙中

使用者是透明的，企業能夠完整洞察有多少使用者、有多少需求，從而將資源匹配到有需求的地方，更有針對性地按需求生產。

除了減少資源浪費，這樣的生產模式還可以減少企業之間的惡性競爭，從而讓企業將精力放在滿足市場中的長尾需求上，更專注於產品本身。

元宇宙中的產品沒有流通環節，任何一個環節都不會存在資訊不暢的問題。生產者可以直接把產品交到消費者手上，不需要物流和倉儲，所以生產和消費自然是統一的。

3. 監管與自由的統一

元宇宙中數位市場的自由是指使用者在市場中的活動不會受到任何干預，可以自由競爭、自由選擇、自由貿易。但這種自由不是無限的自由，而是在保證市場有效運作的基礎上的自由。因此，數位市場也需要監管，以維持市場環境穩定，明確各方的義務與責任，避免大規模的作弊、壟斷行為，損害使用者的利益與自由。

不管是社區自治、第三方監管還是政府監管，只有平衡了監管與自由，才能讓元宇宙有秩序、持續地發展。

4. 行為與信用的統一

在元宇宙中，使用者的每一次操作都會留下痕跡，一切行為都可以被記錄、被追溯。使用者的任何行為都將直接與個人信用掛鉤，使用者的信用值可以說是數位化行為的總和。

在這樣的市場環境中，交易行為不再需要銀行或第三方支付平臺作為信用擔保，只要符合元宇宙定義的信用標準，即可進行交易。

10.1.2 數位代幣提供價值交換的工具

如果區塊鏈是元宇宙經濟體系運作的基礎，那麼其中的原生數位代幣（俗稱虛擬貨幣）則是價值交換的工具，承擔著元宇宙中價值轉移的功能。

工銀國際首席經濟學家程實曾表示，元宇宙將是一個閉環經濟系統，任何微弱貢獻均可以透過區塊鏈溯源，搭配原生數位代幣可以使整個元宇宙的價值轉移過程暢通無阻。

目前，元宇宙已初見端倪，使用者可以在虛擬世界裡工作，賺取資產收益，虛擬資產還可以相互兌換。這不僅讓虛擬資產產生了實際價值，還為虛擬世界經濟體系的運轉提供了規則，充分滿足了使用者生產內容和使用數位代幣交易虛擬商品的需求。

那麼元宇宙數位代幣有哪些呢？如圖 10-3 所示。

圖 10-3 元宇宙數位代幣

1. MANA

MANA 是去中心化虛擬實境平臺 Decentraland 的數位代幣。在 Decentraland 上，使用者可以流覽內容，與其他人互動，劃定虛擬領地。領地是不可替代、可轉移的稀有數位資產，可用 MANA 購買。

MANA 既可以用來購買領地、商品和服務，還可以作為獎勵鼓勵使用者進行內容創作。

2. SAND

SAND 是虛擬遊戲 *The Sandbox* 的數位代幣。使用者可以在 *The Sandbox* 中創造、收集、賺錢，擁有遊戲中的任何東西，按自己的意願訂制，並從中獲得 SAND。

3. CHR

CHR 是新的區塊鏈平臺 Chromia 的數位代幣。CHR 可作為向區塊生產者支付的交易費，在 DApp 中被廣泛使用。

4. TLM

TLM 是 *Alien Worlds* 的數位代幣。*Alien Worlds* 是一款集挖礦、質押、戰鬥、DeFi、NFT、DAO 等於一體的綜合類區塊鏈遊戲，可以模擬使用者之間的經濟競爭與合作。在 *Alien Worlds* 中，使用者可以透過獲取 NFT 來挖掘 TLM。

5. SLP

SLP（Small Love Potion）是一種可以在乙太坊區塊鏈上使用的 ERC-20 數位代幣，可以在 *Axie Infinity* 裡使用。*Axie Infinity* 是一款建立在乙太坊區塊鏈上的數位寵物遊戲，集收集、訓練、飼養、戰鬥、社群於一體，使用者可以透過參與遊戲獲得數位代幣。

10.2 NFT 推動數位內容資產化

NFT 是建立在區塊鏈技術上的不可複製、不可篡改、不可分割的加密數位權益證明，其核心價值是將數位內容資產化，保證數位資產的唯一性、真實性、永久性，從而增強數位資產的流動性，有效解決數位資產的版權保護問題。

從 *Everydays：The First 5000 Days* 以約 6934 萬美元的價格被拍賣，到區塊鏈遊戲 *Axie Infinity* 憑藉 Play-to-Earn 模式廣受歡迎，眾多案例表明，NFT 引發了廣泛關注，NFT 產業正在進入快速增長期。

10.2.1 唯一的數位憑證，為數位資產錨定價值

與比特幣、乙太幣等虛擬貨幣一樣，NFT 也要依靠區塊鏈進行交易，但 NFT 的獨特之處是其具有唯一性，是不可分割且獨一無二的數位憑證。

NFT 能夠映射特定資產，如遊戲裝備、虛擬土地等，甚至實體資產。NFT 可以將特定資產的相關權利、交易資訊等記錄在智能合約的標示資訊中，並在對應的區塊鏈上生成一個無法被篡改的獨特編碼。

NFT 標記了某一使用者對特定資產的所有權，意味著 NFT 成為該特定資產的可交易性實體，因為區塊鏈技術不可篡改、可追溯等特點，該特定資產的記錄產權可以保證真實與唯一，並透過 NFT 的交易實現價值流轉。

與 FT（Fungible Token，同質化代幣）相比，NFT 錨定的是非同質化資產的價值，FT 錨定的是同質化資產（如黃金、美元等）的價值。二者都有可交易屬性，不同的是每一枚 NFT 對應的價值是獨一無二的。

OpenSea 是現在全球最大的 NFT 綜合交易市場之一，如圖 10-4 所示。在 OpenSea 中，使用者可以建立自己的 NFT 作品，開設商店，可透過交易、拍賣、OTC 交易（場外交易）等方式進行藝術品、收藏品、遊戲物品的加密，以及其他數位資產的買賣。OpenSea 會在產品銷售後，提取售出價格的 2.5% 作為佣金。

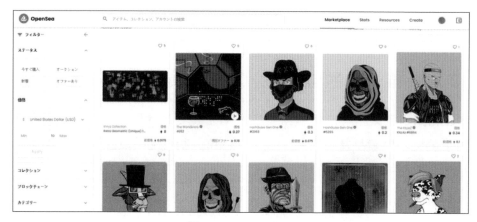

圖 10-4　OpenSea

回顧 NFT 的發展歷程，從 2012 年到 2021 年，NFT 共歷經了萌芽、成長、崛起三大階段，如圖 10-5 所示。

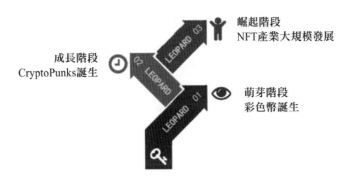

圖 10-5 NFT 的發展歷程

1. 萌芽階段

2012 年，第一個類似 NFT 的通證彩色幣誕生。彩色幣由小面額的比特幣組成，透過區塊鏈上的備註記錄多種資產，展現出現實資產轉移到區塊鏈上的可能性。

2. 成長階段

2017 年，第一個真正意義上的 NFT——CryptoPunks 誕生了，它透過改造 ERC-20 合約發行通證，生成了 1 萬個圖元風格完全不同的藝術圖像，將圖像作為加密資產引入加密代幣領域。同年，Dapper Labs 推出了一款遊戲《加密貓》（*CryptoKitties*），被認為是最早的區塊鏈遊戲。

3. 崛起階段

2018—2019 年，NFT 產業大規模發展，OpenSea、SuperRare 等 NFT 平臺崛起。2020 年，Dapper Labs 發佈了 NFT NBA 球員卡。2021 年，數位寵物遊戲 *Axie Infinity* 風靡全球，獲得廣泛關注，NFT 產業開始進入快速增長期。

10.2.2 從鑄造到流通，NFT 的產業價值鏈

支付寶在「螞蟻鏈粉絲粒」小程式上限量發售了「敦煌飛天」和「九色鹿」兩款 NFT 付款碼皮膚。這兩款皮膚可以生成付款頁面的圖片，而且獨一無二，使用者可以使用現金和螞蟻積分購買這兩款皮膚。兩款皮膚一經上線便廣受歡迎，一夜之間，銷售額就達到 15.84 萬元。

支付寶發售這兩款付款碼皮膚，一是為了推廣螞蟻鏈和螞蟻鏈粉絲粒兩個產品，二是為了提高螞蟻鏈在普通使用者中的普及程度，讓個人使用者更了解區塊鏈。

從支付寶的嘗試中可以看出，其有意拓展區塊鏈的個人使用者市場，而與個人使用者相關的 NFT 產業則是重點發展的方向。

NFT 的價值在於它拓展了上鏈資產的類別，為原先無法標記所有權的資產提供了署名的可能。同時，被拓展的資產類別與普通的個人使用者息息相關，這意味著 NFT 的市場龐大。NFT 從鑄造到流通，它的產業價值鏈如圖 10-6 所示。

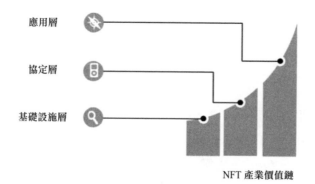

圖 10-6 NFT 產業價值鏈

NFT 產業價值鏈按照 NFT 的流動，由下至上依次為基礎設施層、協定層及應用層。

基礎設施層主要包括底層公鏈、Layer 2、開發工具、儲存、錢包等，這一層的捕獲價值源於 NFT 的鑄造，且 NFT 數量越多，捕獲價值越大。

協定層包括 NFT 鑄造協定及一級市場，捕獲價值源於 NFT 的一級交易；流動性協定，用於對 NFT 的價值發現；DeFi+NFT，透過鑄造活動捕獲價值。

應用層主要以協定層為基礎而產生的通貨衍生出來的應用為主，例如，OpenSea 中交易的 NFT，由協定層的各鑄造協定平臺構成。這一層的捕獲價值源於流量和需求變現。

以下我們介紹幾個 NFT 產業價值鏈上的相關案例。

1. 粉絲經濟

傳統粉絲經濟的最大受益方不是粉絲或偶像，而是中心化社群平臺，其控制著粉絲看到的資訊，並能夠決定誰可以透過自己的平臺成為偶像。另外，在這樣的模式下，偶像和粉絲的互動一般是單向的，很難產生雙向互動。

圍繞 NFT 生態建立的去中心化社群平臺可以更高效地連接粉絲和偶像，讓偶像和粉絲產生雙向互動。平臺會為粉絲和偶像雙方建立與之貼合的經濟激勵機制，方便粉絲成為偶像，從而鼓勵原創行為。

Rally 是一個基於乙太坊，能夠讓創作者與自己的社區產生獨立經濟聯繫的平臺。創作者可以基於 Rally 發行自己的通證，而粉絲透過購買創作者的通證來支持自己喜歡的創作者，並享受特殊福利，如進入私人社區、購買訂製內容等。

Rally 連接了創作者與粉絲，使他們由單向互動變成了雙向互動，進而產生互利關係。對創作者而言，與粉絲建立獨立的聯繫，不僅增強了雙方的互動，還獲得了可持續的盈利方式，得到了更多經濟收益。對於粉絲而言，透過購買創作者的通證，可以獲得專屬福利，滿足了他們想與創作者拉近距離的需求。

目前，Rally 採取非開放式註冊的方式，官方對每個想入駐的創作者都有比較詳盡的要求。但是，隨著廣大使用者對加密方式逐漸認可，Rally 也許會開放註冊，讓每個粉絲都可以變成創作者。

2. 遊戲

目前，區塊鏈遊戲開發者使用 NFT 吸引玩家，主要依靠 P2E（Play-to-Earn）模式，即玩家透過玩遊戲獲得遊戲內資產或通證的所有權，並提升資產的價值。採用該模式的遊戲，其中大部分收益不再屬於中心化遊戲公司，而是屬於優秀玩家。透過持續參與遊戲，優秀玩家不僅可以為自己創造價值，還可以為其他玩家和開發人員創造價值，最終使遊戲實現 DAO 治理。

但目前大部分區塊鏈遊戲設計本身存在一些問題，如體驗感不佳、無法吸引幣圈之外的使用者等。對此，只有豐富的遊玩體驗加上 P2E 模式才能完全激發區塊鏈遊戲的潛力。

Sorare 是基於乙太坊開發的區塊鏈足球遊戲。玩家透過購買經俱樂部認證的 NFT 球員卡來組建自己的球隊，每張球員卡會根據球員在現實世界比賽中的成績評分。

Sorare 的球員卡有四種類型，分別為黃色卡、紅色卡、藍色卡和獨特卡，從黃色卡到獨特卡越來越稀有。稀有度越高，球員卡的成本也就越高。另外，球員卡還有經驗系統和等級系統，玩家每次使用球員卡，都會增加球員卡的經驗值，經驗值可用於升級球員卡。每張球員卡根據稀有度的不同，其等級起始區間也不同。等級與玩家在比賽中獲得的額外分數有關，等級越高，額外分數越多。

玩家完成球隊組建和陣容搭配後就可以參加平臺舉辦的夢幻足球比賽，不同的比賽會要求玩家使用不同等級的球員卡才能進入。玩家需要選擇 5 張球員卡作為起始卡組，分別為中場、前鋒、後衛、守門員和替補，然後將特定位置的球員卡放到對應的卡槽，就可以安心等待比賽結果，如圖 10-7 所示。

系統會根據從足球資料網站抓取的該球員在現實世界比賽中的成績，如比賽時長、進球、傳球、撲救、搶斷等，得出該球員卡的總得分。如果該球員在現實世界比賽中獲得了紅牌或黃牌，就要減去相對應的分數。最後 5 張球員卡相加的總得分就是團隊得分，即玩家獲得的分數。玩家根據比賽獲得的分數可以獲得新的球員卡和通證獎勵。

圖 10-7 *Sorare* 夢幻足球比賽

3. 元宇宙

NFT 為元宇宙帶來的價值，主要是確認使用者虛擬財產的歸屬問題，使元宇宙內形成完整的經濟體系。目前，NFT 在元宇宙中的應用還有很大發展空間，但仍面臨以下三個問題。

第一，硬體門檻較高。使用者使用的硬體裝置需要滿足一定條件，才能使虛擬世界的畫面流暢展現。第二，元宇宙目前缺乏優勢玩法，吸引力不足。第三，玩家族群局限性較強，沒有觸及大眾族群，需要發掘更強

力的 IP 和創新的 NFT 玩法。Somnium Space 是基於乙太坊的開放的、永久的虛擬世界（如圖 10-8 所示），提供本機 NFT 集成，支援主流頭戴式 VR 裝置，使用 CUBE 作為應用內的通證。使用者可以在 Somnium Space 中社交、購買土地、建造設施、銷售物品等，並透過這些活動獲利。Somnium Space 中的一切都是由使用者自己創造的，它的目標是營造一個如科幻電影般的虛擬世界。Somnium Space 自上線以來，總交易額達 152.09 萬美元，受到了很多使用者的歡迎。

圖 10-8 Somnium Space 虛擬世界

10.2.3 盈利模式多樣，DeFi 豐富 NFT 的盈利模式

一個優秀的商業模式必須有豐富的盈利模式作為支撐，才能得到良好的發展。目前，NFT 領域中常見的盈利模式有直接銷售 NFT、二級市場交易手續費、遊戲內經濟交易手續費等模式。

1. 直接銷售 NFT

直接銷售 NFT 是 NFT 領域最常見的盈利模式，很多遊戲發行商透過向使用者銷售數位商品來獲得收入。例如，在《堡壘之夜》42 億美元年收入中，大部分收入來自向使用者銷售皮膚，而皮膚就是一種完全數位化的產品。

2. 二級市場交易手續費

開發者可以從其開發物品的二級市場中抽取一定比例的手續費，例如，OpenSea 的開發者可以設置二級市場銷售的抽成比例。

3. 遊戲內經濟交易手續費

開發者也能從使用者生成的 NFT 交易中收費。例如，在 *Cryptovoxels* 中，使用者可以自己建立名為「可穿戴設備」的配件，開發者則從使用者每次購買遊戲內數位產品的交易中收取一定的手續費。

除此之外，DeFi 自 2020 年以來飛速發展，流量、資金量不斷增加，進一步豐富了 NFT 的盈利模式，這裡我們主要介紹 5 種盈利模式。

1. 治理通證

開發者向社區成員銷售治理通證，以此盈利。擁有治理通證的使用者可以對虛擬世界的新功能進行投票，提出要建構哪些新功能。

2. 收入分成通證

開發者能推出具有分成功能的通證，持有該通證的使用者與開發者按一定比例分配虛擬世界內的交易費用。收入分成通證可以提高使用者創造商品與服務的積極性。

3. DeFi 認購

使用者將加密資產投入 DeFi 協定中，開發者可以獲取加密資產產生的收益。例如，使用者把 100 個 DAI（穩定幣）儲存到代幣市場協定 Compound 中，Compound 協定為這 100 個 DAI 提供了更強的流動性，開發者就可以收取該資產流動過程中產生的收益。

4. DeFi 抵押

這是一種開發者參與度更高的商業模式。開發者推出質押服務，使用者只有使用該服務才能進入虛擬世界。這時，抵押物產生的所有收益將屬於開發者，作為使用者進入虛擬世界的補償。

5. 原生通證

NFT 也可以直接推出自己的通證來盈利。開發者可以要求使用者只能使用原生通證購買虛擬世界中的物品。

10.2.4 NFT 交易盛行，市場潛力巨大

近年來，NFT 交易盛行，銷售額增加到 25 億美元。據 DappRadar（全球最大的 DApp 市場資料和 DApp 分發平臺之一）統計，2021 年上半年，NFT 的銷售額達 25 億美元。而在 2020 年上半年，NFT 的銷售額只有 1370 萬美元。

據 NonFungible 統計，2021 年上半年，有三分之二的時間段（按周統計）內的 NFT 買家超過 10000 名，其中 3 月份有 2 周 NFT 買家甚至超過了 20000 名。

另外，Coingecko（區塊鏈分析網）的資料顯示，NFT 的總市值突破了 300 億美元，其中市值排名第一的 NFT 通證 Theta Network 市值達到了 71 億美元。

從上述資料可知，NFT 的市場潛力巨大且已經進入了高速增長期。

10.2.5 虛擬藝術品 + 虛擬土地，數位內容資產化已現端倪

在全球數位化轉型的時代背景下，NFT 有著非常廣闊的發展前景。隨著元宇宙的發展，許多標的物甚至會以數位原生態的形式出現，NFT 有望成為數位經濟世界中不可或缺的一部分。

目前，NFT 在虛擬藝術品和虛擬土地領域已經得到了較為廣泛的應用，出現了一些具備較為完善的生態的交易流轉平臺。

1. 虛擬藝術品

2021 年 8 月，騰訊推出了 NFT 交易軟體「幻核」，自上線後，幻核已發售了「限量版十三邀黑膠唱片 NFT」、「數位民族圖鑒 NFT」等數位藝術品，如圖 10-9 所示。

幻核要求使用者實名制註冊後才能進行數位藝術品的認購，所有作品一經認購，馬上綁定使用者。另外，幻核沒有把數位藝術品的發行權交給所有使用者，普通使用者無法出售自己的數位藝術品，只有經過平臺授權的 IP 方才能在平臺上發佈作品。

圖 10-9　限量版十三邀黑膠唱片 NFT

幻核的這些限制杜絕了普通使用者炒作數位藝術品的可能，避免了超高
溢價的數位藝術品出現，同時也導致數位藝術品的流通性較低，估值偏
低。

這雖然為幻核對 NFT 的一次有益嘗試，但從產品本質來看，幻核更像一
個數位藝術品開發與銷售平臺，但因為作品的不可複製性，給廣大使用
者帶來了線上收藏藝術品的儀式感。

幻核需要解決的問題是如何引入更多的 IP 方，創造出更多讓投資者、收藏家願意買單的數位藝術品。幻核等企業的 NFT 平臺更像一個實體商品的交易市場，目標不是抬高數位藝術品的價格，增加其流動性，而是提高數位藝術品的知名度，讓收藏者獲得較好的體驗。

2. 虛擬土地

2021 年 6 月，Decentraland 中的一塊虛擬土地以 91.3 萬美元的價格賣出；同月，*Axie Infinity* 中的九塊虛擬土地以約 150 萬美元的價格成交。可見，虛擬土地在 2021 年掀起了流量、社群的新風潮。

虛擬土地指的是虛擬世界中的土地，與現實世界相同，使用者可以出售、出租、拍賣虛擬土地，也可以在虛擬土地上蓋飯店、修建民樓等，還可以透過這些活動賺取數位代幣。

虛擬土地藉著元宇宙和 NFT 的趨勢身價飆升，如今的虛擬土地市場，每天都在進行著虛擬土地的買賣、轉讓和開發。許多著名的投資人，如灰度基金創始人 Barry Silbert、NFT 收藏家 Whale Shark 等都持有大量的虛擬土地。由此可見，隨著區塊鏈加密技術的不斷發展，更多創新的投資模式會不斷湧現，虛擬土地便是其中的一個新機遇。

隨著大量資金湧入虛擬土地市場，虛擬世界爆發出更多潛能，更多的投資者開始思考，如何進行虛擬土地的商業化開發與建設，以幫助自己更快實現財富增長。

例如，蘇富比在 Decentraland 建設了虛擬畫廊；魚池創始人王純在已購入的 *The Sandbox* 中的虛擬土地上建設狗狗幣愛好者的總部；Boson 用

虛擬土地建設虛擬商城；英國藝術家 Philip Colbert 在 Decentraland 上舉辦 NFT 藝術展和音樂會等。

未來，虛擬土地的商業價值仍將繼續增長，各方投資者需要解決的問題是，如何可持續地對虛擬土地進行綠色經營，以保證其被更廣泛應用。

10.3 NFT 助於內容資產價值重估

在傳統網際網路時代，內容幾乎可以隨意被複製和傳播，盜版的成本極低。因為很難確定內容的版權歸屬，所以內容的價值也很難估計，而且常常會被低估。NFT 會透過專門的協定對內容的版權做出明確標記，因為 NFT 的不可複製性，內容便具有了唯一性，且擁有了更高的價值。

10.3.1 生成唯一獨特編碼，解決版權保護問題

一直以來，如何保護版權一直是廣大內容創作者面臨的難題，多數數位內容能被輕而易舉地複製，但追究侵權責任的難度卻非常大，往往需要付出很高的版權維護成本，嚴重打擊了創作者的積極性。

版權保護是 NFT 的核心功能。NFT 可以標記數位內容的所有權，如圖片、影音、音樂、文字等。在數位內容有了明確的歸屬和價值表示物後，就可以實現價值流通並形成價格。

在一個作品被鑄成 NFT 後，這個作品就會被賦予一個獨特編碼，以保證其唯一性與真實性。從此，原先被隨意複製的數位內容就具有了稀缺性，除了該編碼的內容，其他的相同內容皆屬於盜版。

同時，NFT 還擁有更廣闊的獲利空間。數位內容的所有權每發生一次轉移就意味著創作者能從中獲得版權費。以藝術品交易平臺 Super Rare 為例，當收藏品第一次交易時，創作者獲得 85% 的收益，平臺收取 15% 的收益作為佣金；當收藏品第二次交易時，賣家獲得 90% 的收益，創作者獲得 10% 的收益。

除此之外，還有很多因為 NFT 的版權保護功能而獲利的案例。例如，藝術家 Whisbe 將一部 16 秒的動畫以 NFT 的形式在 Nifty Gateway 上賣出了 100 萬美元高價；Twitter 首席執行官傑克·多爾西將他的第一條推文以 NFT 的形式賣出 290 萬美元的價格；《紐約時報》將自己的一個專欄轉為了 NFT 的形式。

10.3.2 數位版權上鏈，保證資產流通性

將數位版權的資料寫到區塊鏈中，可以實現 IP 價值的流動。另外，將分成協定寫入智能合約，可以讓創作者在數位內容流轉過程中享受分成收益，有利於刺激原創內容的創作。

目前，眾多國家已經形成了一套較為成熟的 NFT 交易機制，即創作者發佈 NFT 後，其他買家購買後可以進行二次轉售與購買，在作品流轉過程中，創作者可以收到版權費。

在眾多國家市場中，有很多廣受歡迎的 NFT 計畫，例如，出售 NBA 球星高光集錦的 *NBA Top Shot*，出售圖元頭像的 CryptoPunks 等。根據 Nonfungible 的資料，2021 年第二季，3 個 NFT 計畫的銷售額超過 1000 萬美元。另外，市場中有 4 個計劃的估值在千萬美元以上，其中 MeeBits 價值 9076 萬美元，是價值最高的 NFT 項目之一。

除了全球最大的 NFT 綜合交易市場 OpeaSea，Nifty Gateway、Rarible 等交易平臺也充滿活力。可見，數位資產上鏈已經成為一大趨勢。未來，數位資產如果實現完全流動，則將為廣大創作者帶來巨額財富。

Chapter

11

線下元宇宙：
劇本殺模擬新世界

前文探討的是目前行業的主流觀點，即線上形態的元宇宙概念。然而，根據虛擬實境補償論，任何能帶給人們沉浸感、參與感、補償感的外部經濟性虛擬實境形態都可能受到歡迎。根據更廣義的元宇宙概念，相較於線上元宇宙，實現路徑更短、外部經濟性更明顯的線下元宇宙概念，或許同樣值得我們關注。

事實上，線下元宇宙的火苗已經燃燒了半個多世紀。目前，最接近線下元宇宙雛形的劇本殺產業在中國市場規模已接近 200 億元。同時，劇本殺這一新興的娛樂方式，正在高速打通景區、民宿等文旅產業，掀起一波劇本殺沉浸式文旅浪潮，有望在未來實現劇本殺提升實體經濟的嶄新局面。沿著劇本殺這一起點出發，線下元宇宙有可能迭代出一條與線上元宇宙並駕齊驅、最終融通的發展路線。

11.1 路徑更短的虛擬實境形態

主流觀點下的元宇宙形態，不僅需要強大的技術支援，而且存在較大的政策不確定性，需要很長一段時間的摸索和博弈，其結果如何尚不明確。儘管如此，根據虛擬實境補償論，人類是「向虛而生」的，不會放棄對任何形式的虛擬世界形態進行探索。線下元宇宙是從我們所在的現實世界自然延伸出來的虛擬世界，相比線上元宇宙，離我們更近。事實上，半個多世紀以來，世界各國已對其進行了許多積極探索，如沉浸式主題樂園、LARP 等。

11.1.1 人們渴望虛構世界的永恆衝動

以色列作家尤瓦爾·赫拉利在其著作《人類簡史》中提出，人類之所以能成為世界的主宰，區別於其他動物，本質在於人類能夠虛構故事，傳達一些虛構出來的事物的資訊。虛構故事賦予了人類前所未有的能力，讓我們得以集結大批人力、靈活合作。智人之間的合作不僅靈活，而且能與無數陌生人進行。也正因為如此，智人獲得了持續發展。

人類的整個發展史，可以説是各個階段、各個除群相信什麼樣的「故事」而產生什麼樣的社會結構的過程。從某種意義上講，這種虛構故事的能力，或者説虛擬實境的能力，是人類創造和迭代現實世界的重要能力。或許從智人成功傳達第一個故事開始，這種以虛擬實境為基礎的虛構能力就已經被寫入了人類基因和集體潛意識之中。

同時，從人類進化史中我們也可以看到，人們在現實世界所缺失的東西，將在虛擬世界進行補償。米蘭·昆德拉曾說過，人永遠都無法知道自己該要什麼，因為人只能活一次。現實世界是唯一的，它只能「是其所是」，而虛擬世界卻可以「是其所不是」。事實上，人們很早就建立起了一個個虛擬世界，以此進行寄託和補償，如文學、影視、遊戲等。古代的詩歌、繪畫、戲曲是千年前的虛構現實；現代的小說、電影、網遊又何嘗不是虛構現實。人們喜歡即時的快樂，在現實世界，人只能活一次，只能獲得一次即時的快樂；而在虛擬世界，人可以重生多次，從而反覆獲得即時的快樂，這就會對人們產生不可抗拒的吸引力，這也是大多數遊戲設計公司的底層邏輯。可以說，從虛擬世界挖掘出的多種可能性，歸根結底是人類文明的底層衝動。

基於上述虛擬實境補償論，我們假設一個文明為了得到補償而創造虛擬世界的衝動是永恆的，那麼在長時間的發展中就必然會創造出一個個虛擬世界。在某種程度上，只要這個虛擬世界是脫離當前現實世界的，是能帶給人們沉浸感、參與感、補償感的，是外部經濟性的（否則這種虛擬世界很容易被現實世界阻斷），就可能受到人們的追捧從而得到持續迭代。

11.1.2 蟄伏半個多世紀的線下元宇宙

如果我們跳出狹義元宇宙概念的數位化設定，將其泛化為「一個讓人沉浸的虛擬世界」這樣的廣義概念，更多地去關注元宇宙本身，那麼對於未來元宇宙的可能形態，或許我們會得到與目前主流觀點不一樣的答案。雖然數位化元宇宙的終極形態讓人心嚮往之，但其實現難度、開發

週期及政策風險卻始終是橫亙在探索者面前的不確定因素。那麼我們不禁要問，有沒有一種實現路徑更短、政策更加的廣義元宇宙形態？或許，當我們以虛擬實境的思路設定為基礎，把目光從線上轉移至線下時，我們就會發現線下元宇宙也是可行的。

或許線下元宇宙這一概念比較抽象，但如果提到美劇《西方極樂園》裡的西部小鎮或者《楚門的世界》裡的「桃源島」，也許大家就並不陌生了。這兩部影劇作品的共同之處在於，它們都呈現了一個在現實世界中開闢出的「相對虛擬」的世界，在那個虛擬世界中有著迥異於現實世界的世界觀和角色設定。如果我們把那樣的虛擬世界稱之為線下元宇宙，相信大家就會有畫面感了。

事實上，線下元宇宙離我們並不遙遠，至少比線上元宇宙近得多。半個多世紀以來，以迪士尼公司（以下簡稱「迪士尼」）為首的沉浸式主題樂園和歐美盛行的 LARP（Live Action Role Playing，實境角色扮演遊戲），這兩種線下沉浸式虛擬實境玩法為線下元宇宙提供了積極探索，並奠定了堅實的發展基礎。

11.1.3 迪士尼沉浸式主題樂園

說到主題樂園，大家很容易聯想到廣州長隆主題樂園、上海迪士尼及最近十分熱門的北京環球影城。它們的特點是，給遊客創造一個充滿戲劇性的大型主題夢境，來作為遊樂目的地，遊客願意為了體驗這個夢境而付費。

這些模式其實都是在學習迪士尼樂園。迪士尼創始人華特‧迪士尼之所以會有建造主題樂園的想法，是因為想給迪士尼的影迷們圓夢。很多影

迷在觀看電影之後曾給華特寫信，請求參觀迪士尼的電影工廠，想親身感受電影中的美好場景。但華特很清楚，如果大量接待影迷，勢必會耽誤電影工廠拍攝。所以他就有了建造主題樂園的想法，專門為影迷們圓夢。迪士尼樂園一經開幕便轟動了世界，這是世界上第一個現代意義上的主題樂園。

隨後的半個多世紀，迪士尼又在美國佛羅里達州、東京、巴黎、香港、上海等地陸續建立了其他迪士尼主題樂園，被譽為現代社會的造夢工廠。2018 年 5 月 31 日，美國加利福尼亞州迪士尼星球大戰沉浸式樂園（見圖 11-1）開幕，官方出售的 50 萬張門票在 2 小時內被搶空。迪士尼除了真實還原影視中的場景，建立沉浸式體驗，還利用 VR、AR 等技術來類比各種星球大戰的畫面，讓玩家獲得身臨其境的感覺。

即使是在半個多世紀後的 2021 年，沉浸式主題樂園這一略顯古老的娛樂方式在年輕人族群中的受歡迎程度也絲毫不遜色於當年。

圖 11-1　迪士尼星球大戰沉浸式樂園

2021 年 9 月，正式開園的北京環球影城，在開售後一分鐘內，開園當日的門票就已售罄，不到三分鐘，門票銷量就已經破萬，僅半個小時，北京環球影城大酒店開園當日的房間就已經訂滿，其火爆程度可見一斑。值得一提的是，主題樂園哈利波特的魔法世界，透過 1 比 1 模擬霍格華茲魔法學院、禁忌之旅 3D 過山車、可以觸發魔法的各種魔杖，以及隨處可見的長袍巫師 NPC，帶給了「麻瓜們」極致的魔法世界沉浸式體驗，受到無數網友的瘋狂追捧和討論。

在 2021 年 10 月，萬聖節前夕，廣州長隆主題樂園也不甘落後，推出了主打十大鬼屋沉浸式玩法的萬聖節狂歡夜活動。進入園區，數百名 NPC 引領玩家裝扮成異次元的鬼怪招搖過市，彷彿真的闖入了一個異世界。

11.1.4　LARP：實境角色扮演遊戲

LARP 在歐美擁有將近 50 年的歷史。最初，LARP 源於美國杜魯門時期，一些戲劇演員為了表達對浸信會和民主黨的不滿創作了一些諷刺劇情，這些劇情由於臺詞粗魯、即興較多逐漸演變成了有固定故事框架，可以即興演出的群體劇情。

隨著 20 世紀 70 年代奇幻小說及遊戲設定集的流行，LARP 一詞也正式登上歷史舞臺。北美、歐洲和澳大利亞的組織團體根據體裁小說和 TRPG（Tabletop Role Playing Game，桌上角色扮演遊戲）發明了 LARP，將其設定為真人親身體驗虛構環境的遊戲。

在 LARP 中，玩家需要塑造一個角色，並將其融入虛擬世界中。根據遊戲設定，玩家有時需要進行格鬥等體育活動，有時需進行大量交談。這

個遊戲的核心在於，玩家可以自己創造一個具有獨立規則、主題乃至世界觀的虛擬世界。

LARP 玩家將在這個虛擬世界中對人物進行扮演，即興創作各自的角色語言和動作。與 TRPG 不同，LARP 玩家需要在公共或私人區域展開持續數小時或數天的遊戲。所有玩家打扮成自己創作的人物角色，在符合主題設定的環境中真人上演劇情。

通常可以將 LARP 遊戲中的人物分成以下三類。

（1）遊戲管理員（GM）

GM 主導遊戲活動全過程，類似於戲劇中的導演。在一些大型 LARP 遊戲中，將由策劃委員會或幾個 GM 共同控制管理整個遊戲的進展。

（2）非玩家角色（NPC）

NPC 指參與遊戲的工作人員，其透過扮演特定角色推進劇情，幫助玩家更快融入劇情。

（3）玩家角色（PC）

與 NPC 不同，PC 在遊戲過程中要根據自己的角色屬性，隨著劇情發展來決定和調整自己的行為和語言。換句話說，NPC 是故事的一個組成部分，PC 則需要體驗和了解整個故事。

全球範圍內最大的 LARP 遊戲之一是德國的 *Mythodea ConQuest*，如圖 11-2 所示。該遊戲每年 8 月在德國漢諾威附近布羅克洛的活動區舉行。活動為期 5 天，範圍超過 60 萬平方公尺，每次會有 6000 ～ 10000 人參與，這是德國同類活動中規模最大的活動之一。你可以想像一下，某個

清晨的野外，太陽剛剛升起，山坡上有幾百人相互對峙著，每個人都穿著奇裝異服，一邊喊著「為了聯盟」，一邊喊著「為了部落」，這是什麼感覺？

圖 11-2　*Mythodea ConQuest*

如今，LARP 已經受到了廣泛關注。一些公司經營著能容納數千名玩家的遊戲，而且一些與 LARP 服裝、裝甲和泡沫武器相關的行業也逐漸發展起來。2013 年美國有部名為《烏龍騎士團》（*Knights of Badassdom*）的冒險電影上映，該電影描繪了國外玩家玩 LARP 的全過程。

11.2 線下元宇宙雛形：劇本殺

雖然主題樂園能帶給人們沉浸感，但其本質上還是商業景觀，定位於服務大批遊客，因而無法深度滿足個體遊客參與感和補償感的需要。雖然 LARP 已經在某種程度上非常接近虛擬世界的特性，但因其玩家文化總體上偏向非主流、商業化程度較低且缺乏完整產業鏈等原因，其並未得到政府和主流文化的認同，而是逐漸發展成為一種次文化社群。

因此，這兩種中間形態都無法持續進化到線下元宇宙的最終形態。而中國直至 2017 年才興起、短短五年時間行業規模已近 200 億元的劇本殺卻逐漸嶄露頭角，帶給人們更多的啟示和期待。

11.2.1 劇本殺的前世今生

劇本殺最早可以追溯到歐美國家的一種叫作「謀殺之謎」（*Murder Mystery Game*）的遊戲，這類遊戲的靈感來自歐美的法庭陪審團制度。謀殺之謎遊戲起源於 19 世紀，最早出自英國的一樁由 Constance Kent 犯下的謀殺案——Road Hill House Murders（路丘別墅謀殺案）。1935 年，在世界上首款謀殺之謎遊戲 *Jury box* 中，玩家扮演法庭陪審團的角色，這便是最早的劇本殺雛形。1948 年，相對更加完善的一款謀殺之謎遊戲問世——《北美的線索》（*Cluedoor Clue in North America*），這款遊戲吸取了 *Jury Box* 的優點，並且加入了更多玩家互動交流的環節，從一定程度上推動了劇本殺的發展。謀殺之謎遊戲為後來的劇本殺重點引入了推理元素，並為劇本殺主流程奠定了基礎。

20 世紀 70 年代，隨著以《魔戒》為代表的奇幻文學風靡世界，線下 RPG 開始在歐美興起，包括 TRPG 和 LARP。其中，TRPG 是一種不用電腦在桌上就能玩的 RPG 遊戲，屬於廣義的桌上遊戲，也是劇情共同創作、開源程式碼、知識共享維基理念的早期遊戲形態；LARP 則一般在室外或開放的空間中進行，更側重於演戲。TRPG 和 LARP 為後來的劇本殺引入了角色扮演元素，甚至 LARP 相比於目前大多數劇本殺而言，其在遊戲理念和體驗效果上還要領先許多。

2000—2010 年，推理遊戲（警匪遊戲）、三國殺、狼人殺等桌上社交類遊戲陸續流行。在此帶動下，從 2008 年開始，一種以遊戲會友、交友的線下社群娛樂場所「桌遊店」開始興起。狼人殺等桌遊雖然和後來的劇本殺本身並沒有直接關係，但其所累積的廣泛的受眾和線下門市卻為接下來劇本殺的引爆提供了堅實的基本盤。

2013 年，一款名為《死者穿白》（*Death Wears White*）的英文劇本殺傳入中國市場，是市場中第一款劇本殺劇本，但是一直屬於小眾遊戲，並未在市場中進一步發酵。直到 2016 年 3 月，芒果 TV 推出中國首檔明星推理綜藝節目《明星大偵探》，主打「燒腦劇情」和「懸疑推理」，成為現象級綜藝 IP，將劇本殺帶入大眾的視野，激起了廣大桌遊愛好者的極大熱情。同年，第一個實體劇本殺線下門市商店在西安正式開幕，不少桌遊店也紛紛開始轉型經營劇本殺。2017 年年初，更多線下實體店開始在中國紮根，劇本殺行業開始正式進入形成期。2017—2020 年，明星資本入局，線上線下劇本殺快速發展。2021 年芒果 TV 入局，M-CITY 入駐長沙。如圖 11-3 所示，短短幾年時間，劇本殺行業已經形成較為健全的產業鏈結構及持續新內容供給刺激新消費的正迴圈。

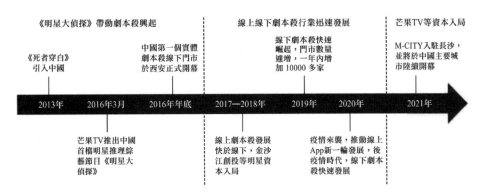

《明星大偵探》帶動劇本殺興起

《死者穿白》
引入中國

中國第一個實體
劇本殺線下門市
於西安正式開幕

線上線下劇本殺行業迅速發展

線下劇本殺快速
崛起，門市數量
遽增，一年內增
加10000多家

芒果TV等資本入局

M-CITY入駐長沙，
並將於中國主要城
市陸續開幕

| 2013年 | 2016年3月 | 2016年年底 | 2017—2018年 | 2019年 | 2020年 | 2021年 |

芒果TV推出中國
首檔明星推理綜
藝節目《明星大
偵探》

線上劇本殺發展
快於線下，金沙
江創投等明星資
本入局

疫情來襲，推動線上
App新一輪發展，後
疫情時代，線下劇本
殺快速發展

圖 11-3 中國劇本殺發展時間軸

縱觀中國劇本殺的進化史，我們發現它有一個很長的過去，卻只有一個很短的歷史。從謀殺之謎遊戲為劇本殺奠定玩法基礎、引入推理元素，到 TRPG 和 LARP 為劇本殺引入角色扮演元素，再到狼人殺等桌遊為劇本殺提供廣泛受眾和門店基礎，最後由綜藝 IP《明星大偵探》正式吹響集結號，劇本殺以雷霆之勢席捲神州大地。透過這段進化史，我們也有理由相信，劇本殺形態具備了堅實的進化基礎和強勁的爆發潛力。

11.2.2 劇本殺玩法介紹

總體而言，劇本殺是一種以個人為中心的集邏輯推理與角色扮演為一體的社群遊戲。具體而言，就是一群玩家基於劇本扮演特定角色、推動劇情演繹，最終找出真凶、還原劇情的遊戲。

劇本殺玩家透過融入、理解所扮演角色的故事和情緒，和其他玩家交換資訊、推理取證、尋找真相。在演繹不同角色的過程中，因為有劇本、服裝、道具、臺詞、背景音樂、主持人、NPC 等，會讓玩家產生強烈融入感，獲得沉浸式體驗和情感體驗，從而體會到不同的人生。

而擁有出色劇本的劇本殺，不僅是個簡單的推理遊戲，還會給人們帶來奇妙的情感體驗。例如，劇本《北國之春》根據切爾諾貝利事件改編而成，其中有很多需要玩家進行抉擇的情節，而每一次抉擇都攸關著所有人的命運。遊戲玩到最後，螢幕中播放出切爾諾貝利核電站事故的影片，玩家在扮演了幾小時親歷者之後，再回過頭去審視這場事故，除了震撼，還多了一層對災難的痛感和反思。同時，劇本殺的獨特魅力在於，它是包含審美價值體系在內的文化娛樂產物。玩家透過扮演角色與他人互動，獲得新的生命體驗，這種體驗有別於重複的策略性體驗，它是不可複製且有獨立價值的。

不同劇本殺的劇本內容各不相同，但是核心玩法大同小異，基本包括以下 6 個環節。

（1）選角：玩家選擇或由主持人根據情況分配所要扮演的人物角色；

（2）讀本：閱讀自己劇本中的背景故事和人物劇情，往往分 2 ～ 4 幕閱讀；

（3）討論：故事開始，先以劇本中的角色進行自我介紹，之後進行公聊或私聊交換資訊；

（4）搜證：從主持人處獲取線索卡或進行實景搜證，供玩家推理或還原劇情；

（5）小劇場：一部分劇本會設置小劇場環節，需要玩家聲情並茂地演繹臺詞對白，將劇情推至高潮；

（6）投凶 / 還原：經過幾輪搜證和討論，得出最終結論，根據劇情需要投票選擇兇手或還原完整劇情。

通常線下劇本殺會涉及以下要素。

（1）玩家

一般每場 4 ～ 10 名玩家，且大部分劇本男女比例設置較為均衡。玩家組隊方式包括熟人組團和陌生人組團，關係鏈橫跨熟人、半熟人、陌生人。實際情況是，往往因為劇本人數性別限制、時空限制等客觀因素，大部分場次由幾組熟人組成。從沉浸式體驗效果而言，隊友品質是最關鍵的因素，隊友是否認真融入角色、演繹水準、邏輯清晰度等都將直接影響玩家自身的體驗。

（2）劇本

劇本時長一般為 2 ～ 8 小時不等。劇本類型可分為推理本、情感本、歡樂本、還原本、陣營本、機制本等。現階段市場上流通的劇本中，推理本比例最大，情感本、歡樂本次之，但隨著劇本創作者水準和實景劇本殺比例的提升，推理元素比例將逐步減少，而角色扮演元素比例將逐步上升。劇本品質不僅是影響沉浸式體驗效果的關鍵因素之一，同時也是現階段劇本殺參與者決定是否下單及選擇門市的首要因素。

（3）DM

DM 即劇本殺裡的主持人。一方面，DM 作為遊戲的組織者，需要控制管理遊戲過程、推動劇情發展；另一方面，DM 更像一名導演，肩負著引領玩家融入劇情、演繹角色情感的重要使命。因此，DM 是劇本殺的靈魂人物，一名好的 DM 能將玩家的沉浸式體驗效果放大數倍。現階段，由於科班出身的 DM 比例低、市場培訓體系缺失、人才流通機制缺失等因素，劇本殺門店 DM 品質普遍參差不齊。

（4）NPC

NPC 即劇本殺裡的專業演員，扮演著劇本中玩家扮演的角色以外的特定
角色。一般由門市工作人員扮演，有時 DM 也會客串 NPC。現階段，市
場上大部分劇本是不包含 NPC 的，一般只有少數售價較高的實景劇本
殺包含 NPC。NPC 在實景劇本殺中往往能將玩家的沉浸體驗提升一個維
度，達到非 NPC 劇本難以企及的深層次情感共鳴的效果。以實景劇本
《九霄》為例，其 NPC 演繹與互動環節比例高達全劇 70%，耗費 NPC
數量多達 10 人，由此營造出強烈的情感衝擊，一場下來，玩家往往哭
倒大半，如圖 11-4 所示。

圖 11-4 《九霄》玩家因入戲太深而落淚

（5）場景

場景即劇本殺活動場地佈置。從場景維度來看，劇本殺可分為圓桌劇本殺和實景劇本殺。圓桌劇本殺最大的特點是形式比較簡易便捷，只需要桌椅和劇本卡片就可以開始遊戲。而實景劇本殺不僅有換裝服務，還有等比例還原的主題場景、傢俱和道具，大大增強了玩家的遊戲融入感。顯然，實景劇本殺擁有圓桌劇本殺難以比擬的沉浸式體驗優勢。現階段，受制於供應端成本和消費端價格接受度，圓桌劇本殺仍然是主流，但從趨勢上來看，實景劇本殺的供應比例和消費意願都在快速提升。

11.2.3 劇本殺市場規模及預測

根據艾媒諮詢的統計資料，2019 年中國劇本殺行業市場規模超過百億元，同比增長 68.0%，2020 年受疫情影響，市場規模依然逆勢增長，但增幅回落至 7.0%。劇本殺自帶的推理屬性、角色扮演屬性滿足了廣大玩家的推理需求和表演欲，同時，劇本殺也為有社群需求的玩家提供了新平臺。在需求的推動下，中國劇本殺行業市場規模持續擴大，預計到2022 年市場規模有望達 238.9 億元，如圖 11-5 所示。

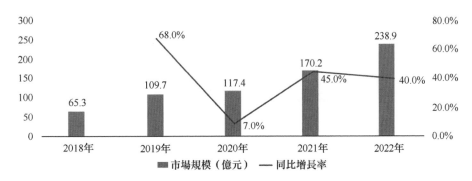

圖 11-5 中國劇本殺行業市場規模及預測

長期來看，劇本殺市場空間有望接近兩千億元規模。據統計，劇本殺目標受眾為 15 ～ 39 歲年齡層。根據統計局的資料，2019 年中國城鎮人口 8.5 億人，其中 15 ～ 39 歲人口比例約 34%，估算長期水準下中國劇本殺目標受眾（15 ～ 39 歲人口）約 3 億人。在目標受眾滲透率提升至 40%、單次劇本殺消費價格提升至 250 元、年平均遊玩次數達到 6 次的情況下，劇本殺市場規模將達到 1800 億元。

11.2.4 劇本殺行業產業鏈

經過短短幾年時間，目前劇本殺行業已經形成了以「IP 授權方 / 劇本創作者—劇本發行方—線下實體店 / 線上遊戲 App—玩家」為主軸的產業鏈，還延伸出了包括劇本殺 DM 培訓、劇本殺作者培訓、實景佈置與劇本印刷等關聯環節。透過圖 11-6 中國劇本殺行業產業鏈結構圖，以及下文的詳細介紹，我們能夠更加清晰地了解劇本殺產業鏈結構與組成。

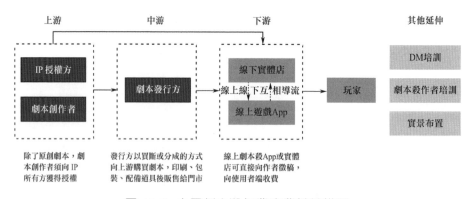

圖 11-6 中國劇本殺行業產業鏈結構圖

（1）上游：IP 授權方、劇本創作者

劇本殺作者包括高階玩家、轉行的網路文章作者、影視編劇等，其中既有劇本殺的忠實玩家，又有本身從事文字工作，後期因逐漸了解劇本殺而轉行成劇本殺作者的人。但目前大部分劇本殺作者以兼職為主，只有一些專業作者或創作團隊以此為生。

除了原創劇本殺，也有一些 IP 改編而成的劇本殺，例如，遊戲 IP《王者榮耀》、網路文章 IP《盜墓筆記》、電影 IP《唐人街探案》等，這些 IP 授權的劇本大多以限量本的形式出現。知名 IP 自帶流量，擁有更大的影響力，更容易走紅。

（2）中游：劇本發行方

劇本發行方的主要職責是連接上下游，既負責初步篩選劇本，又負責劇本的印刷包裝和相關道具的製作，並向下游發售。劇本殺的整個發行流程非常複雜，包括劇本篩選、劇本測試、劇本修改、包裝銷售、售後等環節。目前行業內做得不錯的劇本發行方有葵花發行、空然新語等，它們都已形成了專業體系。

劇本的發售有三種管道，即線下展覽會、線上銷售平臺、朋友圈推廣，其中線下展覽會是發行方與店面商家主要的交易場所。其主辦方一般是全國知名的發行工作室，前來購買劇本的店家可以在展覽會上體驗或測試劇本，並回饋給發行方或作者，以進行後續的完善。

（3）下游：線下實體店、線上遊戲 App

2019 年起線下劇本殺門市數量開始快速增加。2020 年共新增相關企業 3100 家，同比增長 63%。根據美團研究院資料，2019 年劇本殺門店數

量增至 12000 家，至 2020 年年末，門市數量已突破 30000 家。其中龍頭商家「迷之神探」、「我是謎」在全國分別有直營店及加盟店 73 家、34 家。

2017 年線上劇本殺快速發展，出現了一些劇本殺 App。2018 年大量資本湧入劇本殺跑道，線上劇本殺大幅增加，市場上與劇本殺相關的 App 有「我是謎」、「百變大偵探」、「戲精大偵探」等。2020 年疫情期間，劇本殺 App 使用者快速增加，但之後增長乏力，發展遇到瓶頸，主要原因是線上劇本殺缺乏沉浸式體驗、好劇本少、社群功能弱。

11.3 線下元宇宙未來展望

24 年前，電影《甲方乙方》的「好夢一日遊」計畫，如今真的照進現實，成為吸引一眾青年「燒錢」、一年開出數家門市的實在生意。短短五年時間，劇本殺行業的迅速崛起已讓人側目，即使僅僅守住目前的玩法形態，長期市場規模攻上 2000 億元，超越線下電影院和 KTV 的規模也只是時間問題。然而，或許是源於人們向虛而生的欲望和劇本殺內在強大的裂變基因，劇本殺從誕生之日起，其形態的橫向擴張和縱向拓深就從未停止。

11.3.1 橫向擴張：與文旅合體，提升實體經濟

2017 年，北京一家主營密室逃脫的公司遊娛聯盟與湖南順天集團洋沙湖國際旅遊度假區合作，在湖南漁窯小鎮推出了一個規模極為龐大的沉

浸式實景真人 RPG 計畫──「洋沙湖‧夢回 1911」。遊娛聯盟以漁窯小鎮江南古風建築為基礎，將普通商鋪進行了改造，如鏢局、布莊、錢莊等，讓它們與遊戲劇情更適配。另外，遊娛聯盟還建立了衙門等發生核心劇情的場所，並制定了角色服飾和符合劇情時代的「貨幣」供玩家遊戲時使用，在每一個細節上都儘量營造沉浸感。這是「劇本殺＋文旅」模式的最早嘗試之一。

2018 年，成都的一家劇本殺店「壹點探案」租下了臨近青城山景區的一家經營不善的農家樂，將其改裝成了栽滿杏樹的古風庭院，並在其中按劇本佈置出了 10 多個獨立房間，悄然推出了「兩天一夜」沉浸式劇本殺──取材於青城山當地傳說的原創武俠劇本《杏》，率先在全國範圍內開啟了兩天一夜劇本殺之旅新玩法。團購價格在大眾點評上為每人 888 元，包含遊戲、三餐、住宿和玩家從成都到達都江堰的車票。

2019 年，北京的一家劇本殺店「戲精學院」與象山影城合作，在《長安十二時辰》拍攝地還原了劇中橋段，以 40 多名演員演繹 5 小時的劇情，將象山影城的唐城，轉換成了具有 IP 價值的沉浸互動體驗區域。

2020 年 10 月，廣州的一家劇本殺店「查館」推出了中國首個互動式劇本殺劇場《羊城往事》，玩家置身於廣州老城區一棟歷史悠久的別墅之中，遊戲中玩家需要與工作人員扮演的民國時代人物進行互動，以觸發和推動劇情，吸引了不少企業到此團建。

幾乎在同一時間，江西上饒望仙谷景區利用當地靈山傳說和人文歷史創作推出了沉浸式體驗劇《我就是藥神》，以望仙穀內百年歷史古宅為基礎，開設醬、醋、油、年糕、豆腐等手工作坊，吸引遊客親自動手參與，體驗一次穿越回古代的文化之旅。

2020 年年底,《文化和旅遊部關於推動數位文化產業高品質發展的意見》(下文簡稱《意見》)明確提出「發展沉浸式產業型態」,支援文化文物單位、景區景點等運用文化資源開發沉浸式體驗計畫,以及沉浸式旅遊演藝、沉浸式娛樂體驗產品等。《意見》為「劇本殺 + 文旅」提供了政策層面的支持。

至此,實景劇本殺 3.0 即「劇本殺 + 文旅」模式正式走入大眾視野。年輕人的社群娛樂新寵——劇本殺,也逐漸從線上 App 和線下門市融入民宿、景區、古鎮等文旅相關產業之中,引發了新一輪文旅革命。

2021 年 2 月,新世代社群娛樂品牌「驚人院」和有戲電影酒店兩個完全獨立的合作方第一次試水「劇本殺 + 酒店」模式。玩家可以憑票參與在有戲電影酒店進行的沉浸式實景劇本殺《紅皇后的茶會》。在遊戲的兩個小時內,玩家將穿著宮廷復古服裝出席酒店的茶會,酒店的前臺、服務生、清潔員,都作為 NPC 參與這個故事。

2021 年 3 月,武漢最大的沉浸式劇本殺之一《暗礁——長江專場》在「知音號」郵輪開演。計畫經營方將「知音號」打造成 4 層各具特色的船體空間和復古艙房,5 幕互動話劇貫穿整場劇本殺,200 名玩家跟隨劇情進入遊輪的各個區域,穿越回 20 世紀,和「商界大佬」、「學界名流」等一起,進行互動遊戲,阻止「敵方」轉移「情報」,共同保衛武漢。

2021 年 7 月,旅行平臺飛豬和租車平臺一嗨在敦煌推出「房車劇本殺」。劇本以敦煌文化為背景,以房車作為連接景點的工具,每輛房車上都配有專屬服裝道具、劇本殺 NPC 及房車管家,路線涵蓋了鳴沙山月牙泉、莫高窟、玉門關等敦煌著名景點,讓遊客上車推理,下車體驗景區沉浸式搜證。

類似的「劇本殺＋文旅」案例其實還有很多，這裡無法一一列舉。但我們可以發現，劇本殺之所以能迅速與文旅產業進行融合、碰撞出火花，其實是因為這種模式恰好滿足了雙方發展的長期內在需要，主要可以總結為以下三點。

第一，景區憑藉其宏大的實體場景，為劇本殺提供了更大的遊戲空間和故事延展空間，同時 NPC 的引入也讓玩家從室內劇本和卡牌中解放出來，玩家獲得的沉浸式體驗更強。

例如，2021 年劇本殺網紅打卡地成都周邊的崇州街子古鎮，成都劇本殺公司「九門文化」將古鎮內的味江景區打造成了一個占地 4 萬平方公尺的武俠小鎮，如圖 11-7 所示。鎮內有客棧山莊，也有酒坊、鏢局、茶鋪、衙門等。玩家沉浸在遊戲中，與 NPC 扮演的鐵匠、飯店總管、當鋪夥計、小鎮惡霸、茶館說書人等同台飆戲，彷彿穿越到了一個江湖世界中。

圖 11-7 街子古鎮武俠小鎮

在武俠小鎮內，劇本殺分為僅幾個小時的輕中度體驗和兩天一夜的深度沉浸式體驗，即使是新手玩家，也可以穿上漢服走進遊戲，透過和 NPC 互動，觸發劇情、尋找線索。有了如此宏大的實體景區場景作為支撐，玩家不需要靠想像來融入劇情，也無須靠劇本和卡牌來推動劇情，便可以無縫切換到另一個時空，體驗另一種人生。

第二，對 Z 世代年輕人而言，他們的旅行已不再滿足於走馬觀花式的遊玩，而是看重更深入層次的參與感和情感共鳴，而劇本殺正好賦予了傳統景區前所未有的歷史文化沉浸感和參與體驗。

例如，2021 年 5 月 20 日，成都寬窄巷子景區上線了全國首款以城市人文為題材的大型沉浸式實景劇本殺《十二市》（如圖 11-8 所示），其利用寬窄巷子 7 萬平方公尺的實景場地，以成都十二月市真實歷史人文為背景，萃取漆藝、蜀錦、蜀繡、酒醋等代代傳承的傳統民俗珍寶，用劇本殺的方式，創立因「漆器、蜀錦、蜀繡、酒醋」四項傳統手工藝而聞名的「四大家族」，以巴蜀商業經濟發展以來的手藝匠作為歸類的「十二門派」，再用貫穿於寬巷子、窄巷子、井巷子的資訊線索，以及眾多真人 NPC 與玩家的深度互動，讓廣大遊客不僅獲得了一次不一樣的逛街體驗，還重新認識了歷史文化遺產。

後疫情時代，文旅消費面臨著提檔升級的新機遇，而劇本化文旅的新模式，無疑為文旅產業刺激消費需求、吸引新時代年輕族群提供了全新思路。中國有太多的名勝古跡、人文景觀、歷史博物館、紅色旅遊景區和路線等待著新時代年輕人去了解、去觸碰、去感受，而劇本殺很可能就是最佳切入點和連接點。

圖 11-8　寬窄巷子劇本殺《十二市》

第三，劇本殺能提供其他娛樂方式難以企及的情感體驗深度，其蘊藏的最大功效在於，潛移默化地傳遞正能量、價值觀和民族文化，而這種功能價值是極為稀缺的。

相比於電影院、KTV、酒吧、密室逃脫、桌遊等其他娛樂方式，劇本殺具有集感官體驗、沉浸體驗、參與體驗、精神體驗為一體的獨特優勢，能帶給玩家更極致的情感體驗，從而更有可能引發玩家的深度思考。因而，劇本殺蘊藏著巨大的教育功效。年輕人大多不喜歡被說教，但如果正能量價值觀透過遊戲潛移默化地傳遞給他們，就很有可能被他們接受。

例如，2021 年雲南千年古城建水首次推出三天三夜親子沉浸式劇本殺之旅活動，邀請親子團體共同體驗一段關於「臨安趕考」的故事，如圖 11-9 所示。在整個三天三夜的行程中，親子玩家將入住建水古城，扮演成臨安時期的古人，全家一起在景區內探索、遊玩。玩家在與 NPC 演員飆戲的同時，還能身著漢服四處遊山玩水，在綠水青山環繞的詩意古城中真實體驗一回古代科舉。隨著劇情的發展，親子玩家還將領略投壺、

古琴、射擊等傳統文化，透過與大師對決學習君子六藝，成為站在殿試上參與狀元爭奪的學霸。透過這種寓教於樂的沉浸式體驗，全家一起感受璀璨的優秀傳統文化，讓人們把古老的歷史銘記於心，最終感悟漢文化的魅力。

我們從以上這些「劇本殺＋文旅」模式和發展趨勢上不難看出，劇本殺和文旅產業乃至實體經濟之間有著天然的連接點和廣闊的互動空間。劇本殺的內核是劇情，劇情的本質即故事，而人們天生就喜歡故事。透過劇本殺提升實體經濟各個產業，本質就是透過故事建立和升級產業供給端和使用者需求端之間的連接關係，從而 明實體經濟流行、刺激居民消費需求、實現社會資源的柏拉圖效應最優，這正好與宏觀經濟發展的政策不謀而合。因此我們有理由相信，以劇本殺為起點的線下元宇宙發展路線具備明顯的外部經濟性，在實現路徑上或許會遠遠短於線上元宇宙。

圖 11-9　建水古城劇本殺《臨安趕考》

11.3.2 縱向拓深：引入 Pad、VR 等新技術

劇本殺不斷求取更大遊戲空間的內在裂變基因，不僅體現在橫向跨界整合上，還體現在縱向技術拓深上。

2021 年，芒果 TV 推出 Pad 劇本殺雲端平臺——明偵劇本殺，其將線下傳統的紙質劇本殺與 Pad 相結合，使線下玩家能在 Pad 上讀本和互動。現階段芒果 TV 的 Pad 劇本殺主要支持兩大特性。

（1）為劇本量身打造插圖、影音、背景音樂，相比於原先紙質版劇本，玩家的讀本效率得到了大幅度提升。

（2）Pad 劇本能在不同遊戲階段開放對應的故事，從而幫助 DM 和玩家更好地掌控遊戲過程，減少場外因素的干擾。

同樣是 2021 年，主打線下 VR 劇本殺並取得芒果 TV 授權的「芒果探案館」開啟連鎖加盟。其自主研發的 VR 劇本殺目前已支持玩家在搜證環節進入專門設計的 VR 遊戲室，戴上 VR 頭戴式顯示器、手持 VR 遙控進行 VR 實景搜證和互動，並結合 VR 聲音和可震動的遊戲室地板帶給玩家較為逼真的沉浸式體驗。VR 技術與劇本殺相結合的意義在於，用虛擬實境代替真實的門市場景佈置，不僅能讓玩家獲得創新型劇本殺體驗，還能大幅擴展遊戲活動範圍，降低店家場地成本。不過，就現階段效果而言，由於設備購置費用和專業場地佈置費用較高，以及整體 VR 技術和遊戲體驗的瓶頸，VR 劇本想要在市場中普及並取得理想效果還需要較長的時間。

未來，隨著劇本殺市場規模的進一步擴大、優質內容和沉浸式體驗需求的日益增加，劇本殺行業供給端必將引入和升級更多新技術，包括

VR、AR、MR、全像投影等數位化沉浸式技術，以及 Pad、App、小程式等數位化互動技術。這些技術不僅能提升線下劇本殺玩家在讀本、搜證、私訊、投票、道具玩法等互動環節的效率，帶來更加沉浸式的遊戲體驗，還能有效降低商家的門店裝修成本，提升門店坪效比，從而進一步提升劇本殺整體經營效率、擴大門店規模和受眾規模。

11.3.3 線下元宇宙版本迭代猜想

當劇本殺這一內在裂變能力強大的新遊戲物種不斷跟文旅產業、網路技術融合時，這款升級後的遊戲產品，會給玩家帶來什麼樣的新奇體驗？

試想一下：在你出門的那一刻，便開啟了另外一段人生，城市裡的網紅景點、網紅飯店等，都是故事線上的任務點，商店老闆是 NPC，與他發生不同的對話可以觸發不同的支線劇情線索，而你在這個過程中遇到的每一個人，有可能是隊友，有可能是任務目標，你需要挖掘出隱藏在這座城市背後的故事，也許是拯救同伴，也許是拯救自己。不僅如此，當你進行任務時，還有很多人可以線上觀看你的直播，高階玩家還可以線上分享攻略，彷彿《楚門的世界》的場景變為了現實。

我們假定以劇本殺為雛形的線下元宇宙思路成立，那麼線下元宇宙版本的迭代或許會是這樣的。

1. 線下元宇宙 0.1 版

形式為三國殺、狼人殺等桌上卡牌類遊戲。劇情極簡且玩法固定，依賴玩家的自我發揮，主要在熟人聚會等封閉場景進行。

2. 線下元宇宙 0.2 版

形式為以謀殺之謎遊戲為代表的圓桌推理類遊戲。出現特定劇情和事件線索，玩家扮演陪審團或特定角色，目標是透過推理找出兇手。開始出現一定的遊戲沉浸式體驗感，主要在熟人聚會等封閉場景進行。

3. 線下元宇宙 0.3 版

形式為以圓桌劇本殺為代表的桌面 RPG 遊戲。出現一定的世界觀，角色扮演元素比例顯著增加，劇情容量顯著增大，遊戲沉浸式體驗感顯著增強。主要於線下劇本殺門市等封閉場景進行。除了熟人組團，出現半熟人、陌生人組團等形式。圓桌劇本殺的興起標誌著劇本殺行業正式進入形成期。

4. 線下元宇宙 0.4 版

實景劇本殺 1.0 版。封閉的遊戲房間被裝修成搭配劇情的效果；出現換裝、實物道具及實景搜證環節；出現 NPC，玩家的沉浸式體驗感大幅提升。劇情中，推理兇手元素的權重逐步降低、角色扮演元素的權重逐步上升。

5. 線下元宇宙 0.5 版

實景劇本殺 2.0 版。可概括為劇本殺 + 密室，玩家的活動範圍和場地佈置已和密室無異，雖然仍是封閉場景，但實景密室 + 換裝 + 實景搜證 + 多 NPC 的加入，能讓玩家實現深度的沉浸式體驗。如果隊友、劇本、DM、NPC 品質均較高，該版本的線下元宇宙可以稱為終極版線下元宇宙的 MVP 原型。同時，在此階段，劇本殺的完整產業鏈已初步成形，需求側開始催化內容供給側產量和品質升級，專業劇本殺創作者和發行方數量開始激增。

6. 線下元宇宙 0.6 版

實景劇本殺 3.0 版 /LARP。在 0.5 版本的基礎上，重點透過非技術手段擴大遊戲的活動範圍、增強場景沉浸度、增加遊戲時間等內容指標，豐富時空體驗，「劇本殺 + 文旅」模式出現，劇本殺開啟橫向跨界整合。同時，劇本殺提升實體經濟的長期趨勢和商業潛力使得更多人將目光投向劇本殺行業，大量影視 IP 開始輸入劇本創作端，大量資本開始進入劇本殺行業。劇本殺開啟橫向跨界整合，標誌著劇本殺行業開始進入成長期。

7. 線下元宇宙 0.7 版

新技術帶動劇本殺進一步升級。在 0.6 版本的基礎上，重點透過技術手段完善內容指標和提升互動效率：VR、AR、MR、全像投影等數位化沉浸式技術，以及 Pad、App、小程式等數位化互動技術，被廣泛應用到線下劇本殺，玩家的沉浸式體驗感大幅增強，遊戲效率大幅提升。在此階段，劇本殺行業規模將超過線下電影院和 KTV 的規模，達到 1000 億元至 2000 億元。劇本殺成為年輕人線下娛樂的首選方式。

8. 線下元宇宙 0.8 版

劇本殺深度強化、融入實體經濟，而不再只是作為封閉的遊戲單元或簡單跨界做加法。「劇本殺 + 文旅」模式開啟文旅產業深度革命，劇情化的旅行線路設計、專業 NPC 的全程陪伴、高度個性化的遊戲體驗，以及具有深刻文化內涵的時空切換體驗，構成了全新的、深度私人訂製的旅遊模式，成為年輕人旅行的新方式。此外，在「劇本殺 + 文旅」模式的帶動下，「劇本殺 + 餐飲」、「劇本殺 + 酒店」、「劇本殺 + 教育」等全新產業型態百花齊放。劇本殺於中國全產業相關從業者數量突破 1000 萬

人，行業規模突破 5000 億元。劇本創作端規模、行業集中度、支援軟硬體均達到較高水準，劇本殺行業至此步入成熟期。

9. 線下元宇宙 0.9 版

《楚門的世界》中與世隔絕的封閉小城「桃源島」、美劇《西方極樂園》所營造出的西部小鎮開始成為現實。透過高度模擬和劇情化的封閉沉浸式會所、園區、渡假村、小鎮甚至是城市，人們可以逃離現實世界，長期生活在虛擬世界之中，還可以擁有多重身份、體驗多重人生。現實身份和虛擬身份、現實世界和線下元宇宙世界的邊界逐漸模糊，並出現互相融合的趨勢。

10. 線下元宇宙 1.0 版

現實宇宙、線下元宇宙、線上元宇宙三位一體的局面形成。三者之間互相融合、互相影響、互相成長，元宇宙數量高速增長，人們可以在不同的元宇宙之間自由切換。作為模仿對象的純現實世界不復存在，仿造物元宇宙成為沒有了原本東西的摹本，虛擬與現實混淆，在有限時空之上，無限副本在人類歷史中首次出現。

元宇宙的未來：
道路曲折但前途光明

元宇宙透過 VR、AR 等技術建構了一個與現實世界平行的虛擬世界，這個世界彌補了現實世界的不足，沒有了空間上的限制，讓全世界的人都能緊密聯繫在一起，甚至可以讓跨星球合作成為可能。

雖然現在元宇宙還有很多不足，但世界上多方力量依然沒有放棄對它的研究。可見，元宇宙是人類未來發展的一大趨勢。對此，我們應該敢於抓住時代機遇，積極參與元宇宙的建設，爭取未來世界的話語權。

12.1 元宇宙中的擔憂

元宇宙的發展將為社會帶來諸多好處，但我們也不能忽視潛在的問題。例如，資訊共用之後的隱私保護問題，元宇宙的高度沉浸感導致玩家不想回歸現實世界，秩序落後滋生犯罪等，甚至「元宇宙究竟是文明的進步還是文明的衰退」這一問題也引發了大眾的擔憂。對此，我們需要冷靜反思。

元宇宙或許是時代發展的趨勢，但我們不能盲目信奉技術樂觀主義，要始終保持清醒冷靜的頭腦，讓技術為我們所用，讓元宇宙真正成為人類進步的轉捩點。

12.1.1 資訊安全和隱私保護問題引發關注

想要讓每個人都像在現實世界生活般地在元宇宙中生活，便需要龐大的資訊支撐。屆時，每個人都需要上傳自己的完整資料，開放所有授權，這意味著每個人在元宇宙中幾乎是透明的。由此便引發了相關問題：我們的隱私在元宇宙中是否能得到保障？我們的一舉一動是否都在元宇宙服務商的監控下？

隨著網際網路的發展，人們的生活與網際網路的相關性越來越高，資訊安全和隱私保護也成為備受關注的問題之一。個人資訊洩露、電信詐騙等問題層出不窮，這讓人們在享受網路帶來的便捷的同時，不禁對進一步開放個人資訊授權產生了擔憂。

與如今的網際網路相比，元宇宙的資訊量會更大。為了實現高度沉浸感，使用者必然要對元宇宙開放更多授權，包括個人生理反應、腦電波資料等。這些資料的安全誰來負責？如果出現個人資訊洩露或被盜用的問題，如何追究？資訊洩露會不會對現實世界的使用者產生嚴重影響？諸如此類的問題還有很多，需要元宇宙的開發商們一一去解決，建立嚴格的監管機制來避免個人資料外洩。

根據 Centre for International Governance Innovation（CIGI，國際創新管理中心）和 Ipsos（益普索）的調查研究資料，全球有大約 57% 的消費者非常擔心網路隱私安全問題。這個研究遍佈全球 24 個國家，涵蓋了24000 名年齡處於 16 ～ 64 歲的網路使用者。可見，資料安全和隱私保護問題幾乎是大部分網路使用者的痛點。

目前，中國已經訂定了《個人資訊保護法》、《資料安全法》、《網路安全法》、《關鍵資訊基礎設施安全保護條例》等多部有關資料安全的法律，這意味著網際網路逐漸從無序的蠻荒時代走向了有法可依的合規時代。相關法律法規的出現給企業運用大數據劃定了邊界，明確了哪些資料可以共用、使用。這些法律從官方層面承認了資料的價值，明確了資料的使用規則和侵權責任，不僅提高了違法成本，避免了無序競爭，還保證了網際網路在健康的環境中實現良性發展。

實現元宇宙離不開龐大的流量，流量是我們實現虛擬數位生活的基礎，因此，資料安全和隱私保護問題是元宇宙發展過程中必須解決的問題。只有嚴格保障隱私，營造安全的虛擬環境，才能讓廣大使用者放心地在虛擬世界生活，元宇宙才會成為人類在現實世界之外的第二個生活空間。

12.1.2 元宇宙中的玩家失控風險

元宇宙以高度沉浸感和超高自由度著稱，也就是説，元宇宙的終極形態是建構出一個與現實世界無異的虛擬世界，以實現讓人類在虛擬世界中生活的構想。那麼，人們習慣了在虛擬世界中生活，會不會一味沉溺於虛擬世界，從而導致現實世界的發展暫停呢？這是很多人都在擔憂的一個問題。

如今，我們已進入網路時代，人們生活方式的改變導致很多消費場景發生了變化，實體經濟也因此受到了衝擊。以超市銷售的口香糖為例，近兩年口香糖市場銷售量大幅下滑，其原因不是其他種類糖果的銷量提高，而是社群軟體的崛起。過去，人們在超市收銀台排隊結帳時，可能會順手拿上兩盒口香糖，而現在人們習慣用社群軟體聊天、觀看好友動態牆等方式打發時間，這導致口香糖的一個主要消費場景被佔據。

未來，如果人們完全進入虛擬世界，在虛擬世界中擁有了完整的生活，那麼那些在現實世界中生活不如意的人是否願意回歸現實世界？顯然，這是我們無法控制的。人們會不會因為在虛擬世界中獲利更容易而放棄建設現實世界？這也是我們無法控制的。因此，如何找到現實世界與虛擬世界的平衡，用技術推動人類社會的進步，是在元宇宙發展過程中需要引起重視的問題之一。

12.1.3 落後的秩序可能會引發亂象

元宇宙內部的秩序也是人們關注的一個問題。元宇宙提倡去中心化，致力於實現合作和共治。但是，這樣如伊甸園般的自由世界真的可以實現嗎？

以電影《一級玩家》為例，哈勒代想為在現實世界中經歷苦難的人們創造一個樂園，但這個世界卻存在一個「第六人」組織，其由 IOI 線上創意公司孵化，任務是尋找哈勒代在建立這個世界時留下的「彩蛋」。這個「第六人」組織擁有普通使用者難以獲得的物資、裝備、武器，甚至還有一個專業團隊負責運作，普通的個人使用者根本無法與之抗衡。

試想，在未來如果大部分人都進入元宇宙生活，是否會出現類似電影中的問題呢？網際網路龍頭和專業團隊將壟斷大部分資源，各集團為了爭奪資源將產生矛盾，進而爆發「戰爭」，而普通使用者只有依附他們才能保障安全和正常的體驗。

可見，虛擬世界同樣需要秩序和規則體系（如圖 12-1 所示），如果元宇宙最終如電影中刻畫的那樣，那麼元宇宙並沒有真正提升人們的幸福感，並沒有把現實世界變得更完美，而是滋生了更多矛盾。

首先，元宇宙需要解決虛擬世界的價值流通問題。元宇宙需要將線上線下兩個世界完全打通，因此，代幣體系可能會面臨根本性變革，需要有一套完善的法定數位代幣體系。另外，數位資產需要得到像現實資產一樣的認證與保護，才能具備直接流通的可能性，從而創造更大的價值。

圖 12-1　元宇宙需要的秩序和規則體系

其次，元宇宙需要解決身分認證難題。一個人進入元宇宙只能擁有一個身分，且與現實世界相對應，不能允許使用者還有其他「小號」。因此，元宇宙使用者同樣需要一個類似現實世界中的身分證，憑此追溯使用者身份，防止該使用者出現違法犯罪行為。

再次，元宇宙需要維持秩序的力量。為了遏制壟斷行為等其他侵害他人利益的行為，元宇宙中還需要網路警察局，由其實際於線上進行執法，懲罰犯罪者。另外，因為元宇宙中所有使用者幾乎是透明的，所以取證過程也將變得非常簡單，執法效率將大大提高。

最終，元宇宙需要一套真正統一的元宇宙法規體系。在如今的網際網路時代，幾個龍頭平臺壟斷了一些網路服務，透過平臺內的管理規定，形成了割據局面。但到了元宇宙時代，高度的互聯互通及統一通貨的出

現，將使割據變成一件困難的事。除了基礎設施的提供者，幾乎難以再出現如亞馬遜、微軟、Google 這樣的網路巨頭。所以，元宇宙內部需要一套符合元宇宙背景的法律規範，讓人人都能遵守規則，真正形成一個和諧、自由的世界。

12.1.4　是進步還是衰退

隨著越來越多的資本進入元宇宙領域，元宇宙開始被各行各業所期待，但這其中也有一些不看好元宇宙的聲音。科幻作家劉慈欣曾在公開演講中怒批元宇宙，稱之為「精神鴉片」，認為元宇宙將引導人類走向死路。

劉慈欣說：「人類的未來，不是走向星際文明，就是常年沉迷在 VR 的虛擬世界中。如果人類在走向太空文明以前就實現了高度逼真的 VR 世界，這將是一場災難。」

這個觀點被媒體廣泛炒作，讓人們不禁思考：元宇宙究竟是人類文明的進步，還是人類文明的內卷？

內卷指的是某一類文化模式到達了最終形態後，既無法穩定下來，又無法轉變為新的形態，只能在內部越變越複雜。現在，這個詞經常被用來指內部的非理性競爭，即同行間相互競爭，爭奪有限資源，導致個體「收益努力比」下降，整個行業原地踏步。

從人類進化的本質看，在人類過去幾萬年的進化中，人們透過從外部世界獲取能量和資源以換取文明的進步和物種的繁衍，這是一個熵減的過程。而元宇宙是人類建構的虛擬世界，是一個用 IT 營造出的安樂窩，這其中有著虛構出的、無窮無盡的資源。當人們的需求在虛擬世界被輕而

易舉地滿足時，也許他們會放棄對外部資源的探索。而當所有人開始盯著現存的內部資源時，內卷便開始出現了。

有了 VR 模擬出的星空，人們便不會再去探索宇宙和現實的星空；眼前的資源取之不盡，人們便不會再去拓展新資源。然而，現實世界的資源終究是有限的，切斷了對外部資源的探索，一味地沉浸於虛擬世界，只會坐吃山空，導致人類文明衰退。

元宇宙並不是避風港，人類文明想要不斷發展，依然不能停止對外部資源的求索。元宇宙的出現或許可以彌補現實世界的不足，但人類文明的終點依然是星辰大海，人們關於物理空間的知識水準，以及改造物理空間的水準將決定人類文明發展的高度。

12.2 技術尚待發展

想要真正建構一個與現實世界無異的元宇宙，以目前的科技水準來看，還遠不能達到這一要求。欲實現這一目標，VR 技術需要取得跨越式發展，元宇宙中與使用者互動的各種裝置也必須足夠智慧，這樣才能營造出身臨其境的沉浸感。

因此，建立元宇宙不可能一步到位，可能需要經過十年甚至幾十年的發展，很難像行動網路一樣在幾年內實現爆發式發展。

12.2.1 現有技術難以支撐元宇宙落實

想實現元宇宙，必須以多種技術作為支撐，網路與算力技術、VR、AR、ER、MR、區塊鏈技術等缺一不可，但在短時間內，某個企業想獨立掌握這些技術基本是不可能的。另外，現階段的技術水準也不足以支援元宇宙的構想。例如，在一些電影情節中，人們可以在虛擬世界中長時間遊戲、社交、參加聚會，但現階段的 VR 裝置解析度只能達到 4K 解析度（4096×2160 的影像解析度），並不能達到人眼最自然的清晰度，而且長時間使用裝置還會出現功耗過高、裝置發熱等問題，嚴重影響使用者的體驗感。

除此之外，元宇宙中的所有 NPC 完全由 AI 驅動，每一句臺詞和每一個動作都是即時生成的，也就是説 NPC 擁有自己的「意志」。NPC 是否會對普通使用者造成影響？我們還無法確定。

目前，外部演算法已經出現了「演算法黑箱」，這是目前人類智慧還無法解釋的。

職業圍棋手李世乭在與 AlphaGo 的比賽中惜敗，而 AlphaGo 的設計者卻不是圍棋高手。AlphaGo 透過深度學習和自我迭代生成了一套擊敗李世乭的方法，這一自我迭代的過程，人們至今無法追蹤。也就是說，設計者不管基於何種意圖設計了一套演算法，也無法保證這套演算法能按照自己最初的想法產出結果。

我們的世界中就曾出現過演算法失控的現象，如果這種不確定事件在元宇宙中產生，AI 可能會對普通使用者造成不良影響，甚至對現有的規則

體系形成威脅。那時，責任該如何界定，普通使用者的權益又該如何保障呢？現在的法律法規尚未給出說明。

可見，如今我們的技術依然存在很多不確定因素，想要實現元宇宙，還需要進一步探索和研究。

12.2.2 高昂的成本令玩家卻步

除了技術水準尚待提高，想要實現全民進入元宇宙，成本也是一大問題。現在市面上 AR、VR 裝置的價格並不低，一些體驗感較好的裝置價格大約在 4000 元左右甚至更高，再加上可穿戴式裝置、衍射波導鏡片等其他進入元宇宙的必備數位產品，這一筆花費並不是每個人都能負擔起的。

另外，想在元宇宙建構一個虛擬世界，其中互動的使用者數量勢必是非常龐大的，甚至會達到億級以上。然而，目前的終端伺服器承載能力有限，即便是一些大型遊戲服務商也未必能承受數億使用者同時上線，這不僅要求服務商實現技術的躍遷，還要求服務商承擔高昂的維護終端伺服器的成本。

12.3　奇點臨近

我們很難完全預測未來元宇宙將如何影響我們，但可以肯定的是，元宇宙是未來網際網路發展的方向。如今，元宇宙在各個領域已經萌芽，新的人類文明奇點即將臨近。

12.3.1　沙盒遊戲建構元宇宙雛形，衣食住行皆可體驗

迷你創想在發佈會上，公佈了公司的三大戰略規劃：一是，豐富《迷你世界》的內容生態；二是，加入 3D 場景化程式設計創作工具《迷你程式設計》；三是，進行迷你 IP 文創的開發。

迷你創想是一家沙盒遊戲公司，這三個戰略佈局意味著迷你創想將向沙盒 UGC 創意平臺演進，從而建構元宇宙雛形。

1. 建構內容生態

內容是遊戲的核心競爭力，如何讓使用者持續生產內容，是很多遊戲公司都在思考的問題。對此，《迷你世界》的目標是降低使用者創作的門檻，讓每個使用者都能參與創作，透過專業工具，扶持優秀玩家，讓其製作出更多元的內容。

目前，《迷你世界》有近 40 萬名認證開發者，這些開發者為《迷你世界》提供了很多豐富的內容，創造了更多價值。同時，這些開發者也從創作的內容中獲得了經濟收入，享受到了《迷你世界》的商業化優勢。

這種思路與國外沙盒平臺 Roblox 高度相似，其將從使用者那裡得到的收入補貼給創作者，激勵創作者產出更多內容，進一步吸引更多使用者，從而形成內容自生長體系。這樣的內容體系不受官方內容生產能力的限制，打破了遊戲內的內容規模的瓶頸，形成了複利效應。

2.《迷你程式設計》

《迷你世界》加入了基於沙盒遊戲探索的程式設計興趣教學，讓遊戲的自由度更高。使用者可以像玩積木一樣，呼叫素材庫的模型，如樹木、花草等，進行程式設計改造，如圖 12-2 所示。《迷你程式設計》設計了一種類似闖關遊戲的關卡式課程體系，將程式設計教學的學、測、練變成遊戲，融合在各關卡中，讓使用者在玩的過程中學會程式設計。

圖 12-2 《迷你程式設計》創作介面

此外，《迷你程式設計》還支援連線創作。多個使用者可在同一場景內，同時進行創作。使用者可以將自己作品的原始程式碼分享給其他夥

伴，讓更多人參與調整、測試和改編。最終，形成創作、分享、學習、再創作的獨立循環體系。

3. 佈局元宇宙

除了鼓勵使用者創作、程式設計教學，《迷你世界》還將拓展數位場景，讓使用者能即時互動，例如，使用者可以在某個自己建立的場景中開演唱會、做直播、線上授課。為此《迷你世界》和 QQ 音樂進行了深度合作，希望在《迷你世界》舉辦音樂會，拓展社群功能，讓不同年齡、地區的使用者都可以參與到數位化互動場景中。

《迷你世界》還建構了遊戲創作者和影音創作者雙生態體系。在遊戲平臺，針對不同內容需求，《迷你世界》為創作者提供編輯、測試等開發工具，豐富遊戲場景。在遊戲平臺外，《迷你世界》還與其他內容平臺達成合作，為創作者提供免費的資源，讓其可以透過影音、音訊等形式輸出內容。

《迷你世界》的諸多嘗試和探索已經接近了元宇宙的初級形態，即虛擬世界與現實世界高度同步和互動，使用者擁有極高自由度，可以在虛擬世界中自由創造和探索，進而形成自給自足的內容生態。

此外，《迷你世界》還積極進行了 IP 文創的開發。迷你創想 IP 形象盲盒曾入選天貓「雙 11」高端潮玩盲盒榜第二名。其中，「迷你宇宙少女團」、「迷萌假日」系列盲盒售出了 200 萬盒，而許多買家並非遊戲玩家。

《迷你世界》希望透過 IP 宇宙的建構，讓更多人了解迷你創想 IP 宇宙的世界觀，從而吸引更多合作夥伴和獨立創作者，讓其和官方共同建立元宇宙，朝著真正的元宇宙邁進。

12.3.2 國盛證券打造虛擬總部，探索虛擬領地

2021 年 7 月，國盛證券在 Decentraland 建設的國盛區塊鏈研究院虛擬總部上線，這是券商對元宇宙的一次有益嘗試，如圖 12-3 所示。

國盛區塊鏈研究院虛擬總部分為一樓和二樓，一樓是國盛區塊鏈研究院的成果展示區，點選某個成果可以跳轉至公眾號的文章。一樓中間的背景牆上是國盛區塊鏈研究院簡介，包括相關的採訪報導和活動照片等。大廳中央是國盛區塊鏈研究院的吉祥物，其可以和使用者進行簡單的互動，並對虛擬建築進行介紹。

圖 12-3 國盛區塊鏈研究院虛擬總部

國盛區塊鏈研究院虛擬總部的二樓是會議大廳，國盛證券將這裡變成證券發行宣傳、交流研究的場所，希望與世界各地的使用者交流觀點。虛擬總部上線當天，就吸引了許多元宇宙愛好者前來參觀。

隨著元宇宙的發展，虛擬土地成為底層資產，使用者也有了建立自己虛擬領地的意識。國盛證券建設的虛擬總部就是對虛擬領地的一次探索。其中，國盛區塊鏈研究院虛擬總部的二樓還具備一定的社群功能，使用者可以在這裡創作內容（證券發行宣傳活動）、交流互動，已經形成了元宇宙社區的雛形。

12.3.3 線下元宇宙或許是平衡虛擬與現實的最佳解

完全的線上元宇宙也許是一次人類文明的回撤，但人類「向虛而生」的欲望又促使元宇宙成為發展的一大趨勢。從這一點來看，既融合網路技術又緊密捆綁客觀世界資源的線下元宇宙，或許是平衡各方的最佳解。

1. 滿足人們去虛擬世界探索的訴求

線下元宇宙用故事給玩家營造了一個虛擬世界，在這個世界中，玩家有足夠的沉浸感和參與感，可以體驗到現實世界中沒有的場景。另外，隨著 VR 技術的成熟和普及，這個場景還會進一步擴大。例如，劇本殺等遊戲「無需到店」便能體驗，而這又會促使線下門市升級環境和玩法，最終使劇本殺玩法變為橫跨現實世界和虛擬世界的多元化玩法。這樣，人們沒有完全離開現實世界，但又藉著虛擬世界提升了體驗，增強了沉浸感。

2. 滿足人們透過外界汲取能量、不斷進化的需要

線下元宇宙依託現實世界的資源存在，仍需要人們不斷探索外部資源。例如，「劇本殺＋文旅」模式的出現便是人們探索外部資源的表現。人們為了使線下元宇宙更具真實的體驗感，會不斷挖掘外部資源，在這一過程中，可以有效 明實體經濟興起，讓更多消費者到線下消費，以實現社會資源的最佳分配。

Note

Note